歴史文化ライブラリー

461

中世の喫茶文化

儀礼の茶から「茶の湯」へ

橋本素子

JN156686

吉川弘文館

目　次

室町時代の茶の消費と文化

宇治茶と芸能の「茶の湯」

喫茶文化史へのいざない――プロローグ

ステレオタイプの抹茶の歴史

今、抹茶がブームである。しかも世界的に、である。ただし、従来のように粉末の茶に湯を注ぎ茶筅で攪拌して飲むというよりは、スイーツやドリンクの材料として使われる方が多いことが現状である。筆者の授業を受講する学生が、「私、抹茶大好きです」というため、てっきり日常的に抹茶を点《た》てて飲むのかと思えば、何のことはない、「抹茶入りスイーツが好きです」ということであったりする。

その是非はさておいて、どうしても気になるのが、この抹茶ブームとともに語られる抹茶の歴史である。従来の研究書などに書かれている歴史をまとめてみれば、おおよそ次のようなものになろう。

抹茶は、鎌倉時代に臨済宗の開祖栄西《ようさい》が中国の宋から日本に持ち帰り、以後、禅とともに日本に広がった。南北朝期になると茶の産地や種類を飲み分ける闘茶が流行したが、賭博性があるために風紀を乱すものとして室町幕府に禁止された。また、室町殿(室町将軍家)は、会所に中国からの輸入品である唐物を飾りたて豪華な茶会を行った。これに対して、戦国時代には村田珠光が禅の思想を背景に「茶の湯」を生み出し、武野紹鷗などに継承されたのち、織豊期に千利休がより芸術性の高いものへと大成させた。

これは、一九五〇年代以降、五十年以上にわたって書き換えられることのなかった「茶道史」の通史そのものである。しかし、この抹茶の歴史が、そのまま日本中世の茶の歴史となるものではないし、今やその内容は、大きく見直されなければならない状況になっている。さらには、ここには抹茶茶碗の中にあるはずの「抹茶」そのものの変化の歴史はない。つまり、生産の歴史が抜け落ちているのである。

従来の研究分野

これまでの日本の茶の歴史は、「茶道史」の範疇で扱われるか、あるいは「茶文化史」や「茶史」などと称されてきた。

「茶道史」とは、戦国期にのちの茶道に繋がる芸能の「茶の湯」が誕生し、十六世紀後半に千利休が侘《わ》び茶を大成するまでと、その後、江戸時代中期に家元制度が確立し、茶の湯が発展する過程を明らかにする芸能史の一分野である。しかし、筆者が茶の歴史の研究を始めた一九九〇年代には、歴史学本体からも芸能史からも離れて独自に学会を形成し、約半世紀は、その通史が書き替えられた形跡がなかった。

これまでの茶道史では、千利休の「茶の湯」の大成に繋がる道筋だけが分析の対象であり、その他の事象の分析や全体への位置付けは差し置かれていた。また、「茶文化史」や「茶史」という分野名については、どのような研究範囲でどのような研究目的であるかという点が検討された形跡がなく、それこそ「何となく」使用されているのである。

そのため、どのような分野名とするか、何を研究目的とするかを、一から検討する必要があった。その結果、日本の茶の歴史全般を扱う分野名を、「日本喫茶文化史」としたのである。

「日本喫茶文化史」とは

したがって、「日本喫茶文化史」という用語は、二〇〇一年以来、筆者が定義し使用し始めたものである（拙稿「鎌倉時代における宋式喫茶文化の受容と展開について」）。これは、すでに中国史で布目《ぬのめ》潮渢《ちょうふう》氏が、「中国喫茶文化史」という分野を設定されていたことに呼応させたものである（『中国喫茶文化史』）。内容については、設定当初からは研究を深め修正をしたため、現在の見解を記しておこう。

すなわち、「日本喫茶文化史」とは中国からの渡来文化である喫茶文化が、日本で受容され、さまざまな経路で一般にまで伝えられ、日本の風土に合うように変容され、それが「日本茶」として定着するまでの歴史である。そのため、茶の生産・流通・消費を一貫して見ることとし、茶に関するあらゆる事象を研究の対象とする。ちなみに、芸能の「茶の湯」や「煎茶道」などの伝統文化は、消費の中に入るものとする。

茶の種類

本論に入る前に、茶の生産・流通・消費の中で、一般的にはなじみの薄い「生産」に関わる基礎知識を見ておこう。

世界の茶は、酸化酵素の活性度によって分類される。酸化酵素の活性は、茶を摘んだ部分が傷口のようになり、酸素に触れることによって促進される。たとえば、りんごの皮をむき放置していると、次第に赤茶けてくる現象がこれにあたる。もちろん、そのまま放置しておけば傷んでしまう。そこで、この酸化酵素の活性を失わせるためには、熱を加える。熱の加え方には、蒸す、炒る、湯がくがある。

茶業界および農学の分野では、この酸化酵素の活性を、伝統的に酸化発酵といってきた。しかし、実際には微生物の働きによる発酵ではない。そのため、用語としては引き続き「不発酵茶」「半発酵茶」「発酵茶」を使用するが、説明方法は実態に即したものに修正している。

すなわち、「不発酵茶」とは、摘んで比較的すぐに熱を加えて活性を失わせた茶のことである。代表的なものが緑茶である。緑茶には、抹茶、煎茶、玉露、ほうじ茶、などがある。「発酵茶」とは、摘んだのち十分に酸化酵素の活性を促したあとに熱を加えたものである。代表的なものが紅茶である。発酵茶と不発酵茶の間にあるのが「半発酵茶」であり、活性度の高いものから低いものまですべて含まれる。代表的なものがウーロン茶である。

その一方で微生物による発酵茶もあり、これを「後発酵茶」という。高知県の碁石茶、徳島の阿波番茶、愛媛県の石鎚黒茶などがこれにあたる。

茶園の種類

茶園の種類には、露地茶園と被覆《ひふく》茶園がある。露地茶園とは、一年中日光を浴びて栽培される露地栽培を行う茶園である（図1）。被覆茶園には、茶の木に「棚がけ」ともいわれる施設を作って遮光する覆下《おおいした》栽培を行う「覆下茶園」と、茶の木に被覆素材を直接かけて遮光する「直《じか》がけ茶園」とがある。覆下茶園は、春先の新芽の出始めるころ、二十日間から一カ月以上、茶園全体に覆いをかけて、日光を遮って栽培する(図2)。

では、露地茶園と被覆茶園とでは、そこから採れる茶には、成分的にどのような違いがあるのだろうか。

茶の木は、根の部分で「テアニン」という物質が作られる。テアニンとは、茶だけに含まれるアミノ酸の一種で、うまみ成分の一つである。最近の研究ではリラックス効果があ

図1　露地茶園(京都府南山城村所在)

図２　棚がけで遮光された覆下茶園
（京都府宇治市所在）

（同内部）

ることが明らかになっている。それが葉の部分にまで運ばれ、日光が当たると「カテキン」に変わる。カテキンは、渋み成分である。そのため、露地茶園の茶葉は主に煎茶用であるが、煎茶を飲むとさわやかな渋みを感じるのは、カテキンのおかげである。

一方、茶園全体に覆いをかけると、どのようになるのか。根で作られたテアニンが葉に運ばれるが、日光が当たらないためにカテキンにかわることもなくそのまま残り、うまみ成分が多い茶葉ができる。覆下茶園の茶葉は、抹茶の原料である碾茶《てんちゃ》や玉露用となるが、抹茶や玉露を飲むと独特のうまみを感じるのは、テアニンのおかげである。

製茶工程

現在の製茶工程には、一次加工と二次加工がある。

一次加工は、茶農家が行う工程である。

まず茶を摘むが、これを摘採という。次に、茶葉は茶工場に運ばれ、熱を加えて酸化酵素の活性を失わせる。これを殺青《さっせい》という。熱の加え方には、蒸す、炒る、湯がくがある。最後に、乾燥を行う。手製の場合は、焙炉《ほいろ》（図3）で熱を加える、あるいは日干をする。これらの工程を経てできた茶を、「荒茶《あらちゃ》」という。

二次加工は、茶商が行う工程である。

茶葉のふるい分けや切断などを行い、茶葉の形状を整える。茎や古い葉を取り除く。練《ね》りあるいは再火ともいう仕上げ乾燥を行う。品種や茶園の違う茶葉を合わせて合組《ごうぐみ》（ブレンド）を行う。抹茶を販売するところでは、茶臼で挽く、などの工程がある。この工程を経てできた茶を「仕上げ茶」という。この仕上げ茶が、一般消費者が購入する茶となる。

伝来された三つの喫茶文化

日本喫茶文化史において、中国からの喫茶文化の伝来は、複数回に及んでいる。

すなわち、わが国には、大きくいって過去三度、当時の先進国である中国から、喫茶文化が伝来した。

第一回目が、八〇〇年代の初め、唐から茶を煮出して飲むことに特徴がある唐風喫茶文化が伝来した。この飲み方を「煎茶法」という。延暦二十四年（八〇五）に入唐僧である永忠（七四三―八一六）と最澄（七六七―八二二）が帰国し、翌年に空海（七七四―八三五）が帰国したが、この際に持ち帰られた可能性が高

図３　京都府宇治田原町で使用されている焙炉

い。入唐僧とは、中国の唐への留学経験のある僧侶のことである。

第二回目が一一〇〇年代の終わり、宋から抹茶に湯を注いで飲むことに特徴がある宋風喫茶文化が伝来した。この飲み方を「点茶法」という。後述するように、十二世紀の前半までには、博多津の唐房（チャイナタウン）に伝来していた可能性が出てきたが、製茶方法を含む本格的な伝来は、建久二年（一一九一）に二度目の帰国を果たした栄西（一一四一―一二一五）が持ち帰った可能性が高い。

第三回目が一六〇〇年代の半ば、明から葉茶を湯に浸してそのエキスを飲むことに特徴のある明風喫茶文化が伝えられた。この飲み方を「淹茶法《えんちゃ》」という。これは承応三年（一六五四）に来日した隠元（一五九二―一六七三）が伝えた可能性が高い。

これまでの茶道史では、唐風喫茶文化が廃《すた》れたあとに、宋風喫茶文化が伝来されたとしていた。しかし、唐風喫茶文化は途絶えることはなく、中世に継承されていることが明らかになった。つまり、中世には唐風喫茶文化と宋風喫茶文化が存在していたのである。

ただし、これらの喫茶文化は日本に伝来してからそのままの形で推移したわけではない。日本に伝播・受容されてから、何十年も何百年もの年月をかけて、日本の風土に合うようにイノベーションされ、最終的には「日本茶」と呼ばれるようになる。

「抹茶」「煎茶」「玉露」の誕生

現在の日本茶のうち、主要な茶の種類としては、覆下茶園の茶葉を使った「抹茶」「煎茶」「玉露」があげられる。これらは、中国から伝来した三つの喫茶文化が基礎となり、織豊期から江戸時代後期に、いずれも宇治茶の主要産地である京都府南部の南山城地方で生み出されたものである。

覆下茶園の茶葉を使った「抹茶」は、宋から伝来した点茶法を特徴とする宋風喫茶文化を基礎としている。中世の「抹茶」は、露地茶園の茶葉を摘み、蒸して殺青し、乾燥炉である焙炉の上で揉まずに乾燥させる。これを基礎として、織豊期までに宇治では覆下茶園が発明され、この覆下茶園の茶葉を使用した「抹茶」が作られた。

次に「煎茶」は、露地茶園の茶葉を摘み、蒸して殺青し、焙炉の上で揉みながら乾燥させる。この蒸し＋焙炉の上で揉みながら乾燥させる工程を「宇治製法」という。

さらに「玉露」は、覆下茶園の茶葉を摘み、蒸して殺青し、焙炉の上で揉みながら乾燥させる。つまり、覆下茶園＋宇治製法である。

このうち本書の内容に関わるのが、覆下茶園の茶葉を使用した「抹茶」である。その生産方法が織豊期までに宇治で誕生する過程については、本書の後半で述べる。

中世喫茶文化の特徴

日本喫茶文化史において、中世とはどのような時代にあたるのだろうか。端的にいえば、渡来文化である唐風喫茶文化と宋風喫茶文化が、寺院社会から出て一般化された時代である。

中世の寺院社会では、唐風喫茶文化による煎茶法の茶、宋風喫茶文化による点茶法の茶、両方の喫茶文化を受容していた。まずここで、これまでいわれていたように、茶は禅とともに広がるとする通説は書き換えられなければならない。後述するように、鎌倉時代には、禅宗寺院の数が少なかったため顕密《けんみつ》寺院を中心に展開された。室町時代の喫茶文化の一般化は、禅宗寺院は葬式仏教化による葬祭儀礼で、顕密寺院は参詣文化でと、それぞれの宗派が得意とした分野において展開が見られた。それも近世に入るまでには均一化し、どの宗派でも葬式仏教化と参詣文化を軸に展開が見られるようになり、それに伴って、喫茶文化もさらなる一般化を遂げた（拙稿「中近世京都における喫茶文化の一般化について」）。

しかも、喫茶文化が寺院社会を出て一般化される経路とは、本書で述べるように、宗教儀礼としては葬祭儀礼や茶屋、政治儀礼、遊芸では闘茶、茶の生産技術など多岐にわたっていた。これら中世の喫茶文化の一般化は、その後も多様に展開される喫茶文化の基礎となった。現代のわたくしたちが、多様で豊かな喫茶文化を、その気になりさえすれば享受することができるのも、このおかげである。

さらには、一般化された喫茶文化の中からは、消費・文化の分野では、戦国期に芸能の「茶の湯」が誕生し、生産の分野では、織豊期までに宇治で覆下茶園の茶葉を使った「抹茶」が誕生した。このように、中国から渡来した喫茶文化は、そのまま受容されたわけではなく、生産面でも消費・文化面でも、日本の風土に合うように何どもイノベーションされ、最終的には独自の喫茶文化を生み出すに至るのである。これが日本喫茶文化の特質であり、ひいては、日本文化の特徴の一つといえよう。

いくぶん前置きが長くなったが、まずは、この多様で豊かで魅力的な中世喫茶文化の一般化の歴史を見ていこう。

院政期から鎌倉時代の喫茶文化

平安時代の喫茶文化

中世の喫茶文化の前提には、古代の喫茶文化の寺院社会や貴族社会への定着があった。

日本の喫茶文化のはじまり

日本の喫茶文化史は、平安時代の初めから始まる。日本最古の茶の史料は『日本後紀』弘仁六年（八一五）四月二十二日条に見える、嵯峨天皇の近江行幸の際に、入唐僧の永忠が天皇に煎茶法の茶を献じた記事である。このように、茶は日本に伝来した当初から「もてなし」に使われていた。その「もてなし」の茶には二種類あり、仏教儀礼の法会の饗《きょう》や政治儀礼の宴など、儀礼の一部としての「饗応」の茶と、訪問した客人に茶を出す程度の軽いもてなしである「接客」の茶とに分類される。この場合は接客の茶であろう。

すでに中国の唐では茶が一般化され、庶民でも客人が来たら、茶と湯を出してもてなすことが常識となっていた。そのため、唐から日本に茶が伝えられたときには、さまざまな用途を伴って入ってきた。これまでの茶道史では、茶は日本に入ってきた当初に薬であったとするが、それだけではない。寺院では、薬用のほか、供物にも僧侶の饗応にも使われていた。

さらには、最古の茶園である平安京の大内裏《だいだいり》茶園では、毎年三月一日に蔵人所《くろうどどころ》の下級役人である雑色《ぞうしき》から造茶使が選ばれ、薬殿《くすりどの》の侍医、校書殿の執事とともに製茶をしていたし、その製茶法は延喜例に定められていた。製茶された茶は、薬殿で保管されたのち、宮中で行われる季御読経《きのみどきょう》で、引茶として参加した僧侶にふるまわれていた。季御読経とは、毎年二月と八月の春秋二季に、各四日間百人前後の僧侶を宮中に召して『大般若経』六百巻を転読し、国家安寧と天皇の静安を祈る行事である。

この時期に使われた茶は、固形もしくは葉茶と見られ、薬研《やげん》などで粉末にされたのち、湯釜で煮出し、飲む際には好みで甘葛煎《あまづらせん》といった甘味料や、生薑《しょうきょう》・厚朴《こうぼく》などの漢方類を加えて飲んでいた。つまり、平安時代の茶は甘いハーブティーのようなものであった。

院政期の寺院法会と茶

院政期になると、密教の流行により、個人を祈願する法会が、僧侶や貴族の間で盛んに行われるようになる。その中で茶を使用する代表的な法会が、北斗供と御影供《みえぐ》である。

北斗供は、息災、殊に天変・疫病・夭寿《ようじゅ》（若くして亡くなること）などの災いを除くために北斗七星を供養する法会である。茶はこの北斗七星への供物の一つとして、壇上に供えられていた。その理由としては、茶が「仙薬」＝不老不死の仙人の薬であり、息災を祈る北斗供にふさわしいとされていたためであった。

御影供は、祖師・先師などの画像を懸けて供養する法会である。真言宗では、真言八祖を供養する「八祖御影供」、開祖空海を供養するため年忌の三月二十一日に「弘法大師正御影供」が、月忌の二十一日に「弘法大師御影供」が行われていた。茶はその供物の一つとして供えられた。

このように、唐風喫茶文化は、朝廷の仏教行事や、寺院の仏教行事である法会の中に定着していた。平安時代に貴族社会や寺院社会に唐風喫茶文化が受け入れられたことは、このあとの鎌倉時代に宋風喫茶文化を受け入れる際の素地となった。

宋風喫茶文化の伝来——鎌倉時代前期

点茶法の伝来をめぐる研究動向

かつて茶道史では、建久二年（一一九一）、二度目の帰国で栄西《ようさい》が抹茶法（点茶法）を伝え、それ以後、茶は禅とともに展開するとしていた。ところが、一九七〇年代から、延久四年（一〇七二）に入宋僧の成尋《じょうじん》が書いた『参天台五台山記』の喫茶の記述が注目され、栄西以前に入宋僧や貿易商が日本に点茶法を伝えたのではないかとする説が登場した（村井康彦『茶の文化史』）。入宋僧とは、中国の宋への留学経験のある僧侶のことである。

さらに昭和五十二年（一九七七）から、福岡県福岡市博多遺跡群の発掘調査が行われ、博多津唐坊（チャイナタウン）跡の十二世紀初めの地層から天目《てんもく》が大量に出土した（大庭

図4　天目（博多遺跡群博多津唐坊跡出土、福岡市埋蔵文化財センター所蔵）

康時他編『中世都市・博多を掘る』、図4）。この天目は点茶法の茶を飲むための道具と見なされていたこと、十二世紀初めといえば、栄西が活躍した時代から約一世紀前の時代であることから、栄西は点茶法をわが国に伝えた最初の人物ではなく、それ以前に日本に伝来していたのではないかとする説が登場した。中には、博多に縁のあった栄西は、入宋前にすでに点茶法を知っていたとする説も登場した（神津朝夫「鎌倉時代の点茶法」）。

しかし、天目の出土という事実だけで推論を重ねることは好ましくはなく、まず史料による裏付けが必要となろう。ところが、点茶法の茶について記載した一次史料（同時代史料）はない。また、茶臼の研究をされている桐山秀穂氏によると、天目だけではなく、茶臼などの粉砕する道具の出土が併せてある場合、点茶法の伝来を裏付けられるのではないかとの指摘をいただいた。ところが、博多から茶臼が出土するのは、十五世紀まで下るという。

そこで、別の側面からの裏付けとして、栄西以前に貿易商ルートで茶が伝来する可能性と、入宋僧ルートで茶が伝来する可能性について見ておこう。

貿易商ルートの検討

まず貿易商ルートであるが、榎本渉氏は、博多津の天目の出土から、十二世紀前半の博多で宋風喫茶文化のうち、その飲茶法である点茶法が伝来していた可能性があるとされた。しかし、十二世紀には国内での天目の出土例がなく、十三世紀になると出土例があることから、点茶法の伝来は十二世紀には博多津までであるとされた。博多津に限定されるのは、当時の博多津が、院や平氏勢力下にあった大宰府の管理を受けていたからであり、点茶法の茶が国内で広まるようになるのは、平氏政権が倒れ国家の規制が解かれる十三世紀以降であるとされている（『僧侶と海商たちの東シナ海』）。

ただし、これにはついては、少し修正が必要となる。桐山秀穂氏のご教示によると、十二世紀の京都でも天目が出土しているという。管見でも福原から玳玻《たいひ》天目が出土していることを把握している。この京都と福原は、院、そして平氏政権と関わりの深い場所である。

すなわち、宋風文化の一つである点茶法は、国家的な管理規制のため、博多や首都京都・福原の院や平氏政権周辺に封じ込められていたが、平氏政権の崩壊と鎌倉幕府の成立によりこれらの規制が解かれ、全国に広まることになった。そのころに活躍した人物こそが、栄西であったということになろう。

入宋僧ルートの検証

次に入宋僧ルートである。先にあげた成尋は結局、帰国できなかった。同時代には、ほかにも数名入宋僧がいたが、この時期の日本は入宋を認めてはおらず、そのため彼らは密航僧であり、帰国を望んでいなかったという（『僧侶と海商たちの東シナ海』）。

それから約八十年間は入宋僧が見られない。復活したのは十二世紀末で、まず重源《ちょうげん》が入宋し、その次が栄西ということになる。重源については、栄西が一度目に入宋した仁安三年（一一六八）に、いっしょに天台山の石梁《せきりよう》飛瀑《ひばく》で羅漢《らかん》へ供茶をしたとされているが、一次史料ではこれを確かめることができない。また、ほかに重源と茶の関係を示す史料もない。

つまり、点茶法だけではなく、製茶法も含む宋風喫茶文化の本格的な伝来は、建久二年（一一九一）の栄西の二度目の帰国を待たねばならなかった。

次に、宋から日本に伝えられた点茶法の茶の位置付けについて見ておきたい。

北宋の茶

北宋時代には、大きくいって、二つの茶が作られていた。

一つが、皇帝献上用となった最高級の茶である龍団・鳳餅《ほうへい》などの固形茶である。その作り方は、一一〇七年から一一一〇年の間に成立したと見られる皇帝徽宗《きそう》の『大観茶論』に、新芽を洗い、蒸し、膏にすり（ペースト状とし）、固めて焙火《ほいろ》で加熱するとある。一〇六四年成立の蔡襄《さいじょう》の『茶録』には、膏に香料の龍脳《りゅうのう》を混ぜるとある。

飲み方としては、『茶録』によると固形茶を炙《あぶ》り柔らかくし、これを磨り、篩《ふるい》でふるい粉末にする。そして茶一銭（約三・七グラム）を匙ですくいとり、まず湯を少し注いでむらのないようによくかき混ぜ、さらに湯を加えてよく攪拌する。このときに使う碗は、建盞《けんさん》の一種である兎毫盞《とごうさん》、日本では近世以降、禾目《のぎめ》天目といわれるものであった。つまり建盞や天目は、次に紹介する日本に伝来した「抹茶」を飲むための器に限られるものではなかった。

もう一つが寺院社会や庶民の茶であり、『茶録』には「建安の民間では、茶を試すのに、香料を入れるものなどない」とあるように、龍脳を入れない茶であった。しかし、『茶録』を読む限りでは、この茶が固形茶であるか葉茶であるかは、はっきりしない。香料抜きの固形茶か葉茶を、飲むときに磨って粉末にして飲んでいたものと見られる。

南宋の茶

南宋時代になると、寺院社会や庶民は葉茶を「抹茶」にし、点茶法で飲んでいた。これが、栄西によって日本に持ち帰られた茶である。その製法は『喫茶養生記《きっさようじょうき》』上巻「六　調茶様」に、「宋朝で製茶する方法を見ると、朝に茶葉を摘みすぐに蒸し、すぐにこれを乾燥させる。怠け者はしないほうがよい。乾燥炉である焙炉《ほいろ》には紙を敷く。紙が焦げないように火を調節し、工夫してこれを乾燥させる。緩めず怠らず、一晩中眠らず乾燥させ、夜のうちに乾燥を終えるべきである。出来上がったらすぐに適当な瓶に入れ、竹葉で固く口を封じ、風を中に入れないようにすれば、年歳を経ても品質が損なわれない」とある。

そして、飲茶法としては下巻「一　喫茶法」に、「きわめて熱い湯でこれを服す。方寸の匙で二、三匙抹茶を入れる。多い少ないは好み次第である。ただし湯が少ないほうが良い。それもまた好み次第である」とある。ここでは、現在、抹茶を点《た》てる場合に必要な二つの道具についての記載がない。一つが茶臼や薬研《やげん》など茶を粉砕する道具である。しかし、茶を匙で掬《すく》っていることから、これらの道具で粉末にされていたことが想定されている。

図５　栄西画像
（両足院所蔵）

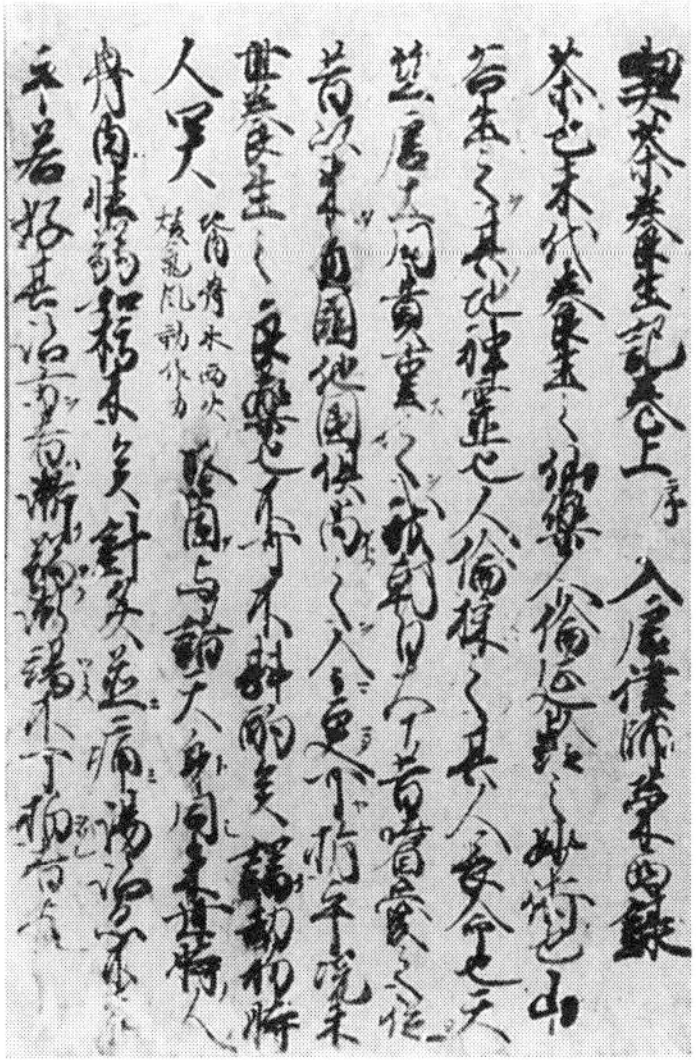

図６　『喫茶養生記』
（寿福寺所蔵）

もう一つが茶筅など攪拌する道具がないことである。これについても茶筅を使用したとする説と使用しないとする説があるが、その実はわからない。

「方寸匙」をめぐる研究動向

最近、祢津宗伸氏が「方寸匙」とは、五世紀の中国の文献に見られる掬う部分が一寸四方の薬用の匙であり、それが二、三匙では点茶法の茶としては量が多すぎるため、栄西が伝えた茶は、煎茶法の茶ではないかという説を示された（「鎌倉時代禅宗寺院の喫茶」）。

しかし、『喫茶養生記』には最初に書かれた「初治本」とそれを校正した「再治本」があり、初治本には「銭大匙」、再治本には「方寸匙」とある。「銭大」であるならば、匙の掬う部分が直径一寸＝約三・三センチ前後の円形となる。そして、十七世紀の初頭成立のポルトガル人宣教師たちがまとめた日本語の辞書である『日葡辞書』の「方寸」には、「一寸四方」と、「長さを示すもの」という意味が記されている。この後者に見られる「長さを示すもの」の意味であれば、最長部分の直径が一寸＝約三・三センチの楕円形の匙も可能となろう。

これらを手掛かりに、なぜ栄西は初治本の「銭大」を再治本で「方寸」に直したのか、という点も含めて、以下のような仮説を立ててみた。匙の形は、掬う部分の最長直径が一寸の椭円形である。栄西は初治本で匙の直径が銭の直径とほぼ同じであるがゆえに「銭大」と表記した。しかし、「銭大」では掬う部分が円形を想像させることになってしまい、実際には椭円形の匙とはずれが生じてしまう。そこで再治本で「方寸」、この場合は「一寸」と同じ意味に直し、掬う部分の最長直径が一寸で椭円形であることを示したのである。最長直径が一寸の椭円形の匙で二、三匙の抹茶ならば、点茶法で飲むことができる量である。したがって、栄西が伝えた茶は、従来どおり抹茶を使用した点茶法の茶と考えて差し支えなかろう。

以上、日本へは、当時の最高級品である皇帝への献上茶となった固形茶ではなく、寺院社会や民間で飲まれていた「抹茶」が伝来した。

また、北宋時代までは、中国への修学僧・留学生は皇帝に謁見する機会があったが、南宋にはこれがなくなったという（榎本渉『僧侶と海商たちの東シナ海』）。つまり、栄西は政治的な理由で、皇帝にも皇帝用の固形茶に出会う機会はなく、結果的に、寺院社会や民間で使用されていた「抹茶」に出会い、これを日本に持ち帰ることになったのである。

鎌倉将軍家と茶

栄西が帰国してからの、茶に関する足取りは、肥前国（現佐賀県）脊振山《せぶりやま》に植えたとする説があるが、いずれも後世によるもので、一次史料からは明らかにできない。

栄西と茶に関する史料として『喫茶養生記』以外では、鎌倉幕府の公式歴史書である『吾妻鏡《あずまかがみ》』建保二年（一二一四）二月四日条の記事が唯一のものとなる。この日、三代将軍源実朝はいささか体調が悪しく、周囲の者がその対応に追われる。ただし、たいしたことはなかった。これはもしかして昨夜の飲み過ぎによる二日酔いではないか。このとき、栄西は将軍家の加持祈禱のため御所に参上していたが、このことを聞いて、「良薬がある」といって、当時、住持を務めていた寿福寺から茶一盞を取り寄せ、これに「一巻」を添えて進上した。この巻子の内容が「茶徳を誉めるところの書」であったという。この「一巻」こそが『喫茶養生記』であろう。

つまり、栄西は二日酔いの実朝に茶を点てて進上したが、わざわざ茶を良薬と称したように、このとき実朝は茶を知らなかったものと見られる。将軍でさえも茶を知らないとすれば、庶民は知る由もない。栄西の『喫茶養生記』にも、「この国の人は、茶を採る方法を知らない。だから茶を用いない」とあるように、この時期、茶は一般には広まっていなかったものと見られる。

宗教史の進展と栄西の評価

このように、従来どおり栄西が宋風喫茶文化を本格的に伝えた人物である可能性が高いが、茶は禅とともに広まるとする説は見直さなくてはならない。これまで、栄西は日本に臨済宗を伝えた人物であることから、また、茶を伝えた人物＝茶祖であることから、「茶禅一味」の思想のもと、茶は禅とともに広まるとされてきた。

しかし、宗教史の進展で、現在、この点は大きく書き換えられている。

まず、中世の仏教界で正統とされその中心にあったのは、「顕密《けんみつ》仏教」であり、わたくしたちの学生時代に、鎌倉時代の仏教界の中心であったかのように習っていた「鎌倉新仏教」といわれる浄土宗・浄土真宗・日蓮宗・時宗・禅宗ではない。

そこで、「顕密体制」「顕密仏教」「顕密寺院」という用語について見ておこう。顕密体制とは、黒田俊雄氏が提唱された中世宗教史の学術用語で、中世国家によって正統と認定された宗教（顕密仏教）の秩序を指し、密教を基調に仏教諸宗や神祇信仰を統合した体制をいう。顕密寺院とは顕密仏教を学ぶことができる寺院で、宗派としては「顕密八宗」、すなわち南都六宗《りくしゅう》（三論・成実《じょうじつ》・法相《ほっそう》・倶舎《くしゃ》・華厳《けごん》・律）と、平安二宗（天台・真言）が該当する。

栄西が宋から伝えたものは臨済禅であり、臨済宗の開祖とすることは、鎌倉時代後期に臨済宗が宗派として成立する際に成立した評価であった。そのため、最近の研究では、栄西はあくまで顕密僧であり、乱れた顕密仏教界を臨済禅で刷新しようとした改革派のリーダーであるという評価に落ち着いている。したがって、茶の文化も、鎌倉時代には主に顕密寺院で広まることになる。それが証拠に、鎌倉時代の茶に関係する史料は、いずれも顕密寺院のものとなる。

また、これまでの通史では、禅宗は鎌倉時代に武家の間で広まったとされてきた。しかし、臨済宗専修の寺院は、鎌倉時代中期、宋からの渡来僧である蘭渓道隆《らんけいどうりゅう》が建立した鎌倉の建長寺が最初であり、それ以前の栄西が建立した建仁寺も、円爾《えんに》が建立した東福寺も、真言宗・天台宗との兼学の寺院であった。建長寺にしても、最初は同寺の開基である北条時頼の帰依を得たものの、二世兀庵普寧《ごったんふねい》に至っては、時頼の死後周囲の理解が得られず途中で帰国してしまうありさまであった。ようやく鎌倉の武家層の支持を得られるようになったのは、鎌倉時代中期の終わりごろである。曹洞宗にしても、永平寺などがあるものの寺院の数は多くはなく、何より本山が越前国（現福井県）にあるように中央とは距離を置いていたため、その影響力にも限りがある。いずれにしても禅宗寺院が増えるのは、鎌倉時代後期以降となる。つまり、鎌倉時代中期までは、禅宗寺院を中心に喫茶文化を広めようにも、その禅宗寺院自体の数が少なかったために、物理的には無理ということになろう。

明恵と茶

　栄西から茶実を送られた人物として世に知られるのが、華厳宗栂尾《とがのお》高山寺の明恵《みょうえ》である。

まず、栄西から明恵へは、宋から持ち帰った茶実が送られ、それを高山寺の境内に蒔いたとする「深瀬三本木《ふかせさんぼんぎ》」伝説がある。高山寺にはこの伝承に付随して、南宋時代（十二世紀）の漢柿蔕茶入《あやのかきべたのちゃいれ》が伝来する。寺の言い伝えでは、この中に栄西が中国から持ち帰った茶実を五粒、もしくは三粒入れ、明恵に渡したとされる。この茶入は口径が六・二センチといささか広く、薬壺といった趣を呈している。

さらに、明恵は宇治茶の祖として、「駒《こま》の蹄影《あしかげ》」伝説が残る。ある日、明恵が宇治の里人たちが茶実の蒔き方がわからなくて困っているところに通りがかった。そこで乗っていた馬を畠の中に歩ませ、この蹄の跡に茶実を植えるとよいことを教えた。これが宇治茶の始まりである、というものである（図7）。

これらは、いずれも一次史料では確かめることができない「伝説」である。むしろ、後世の史料からは、徐々にこれらの話が成立していく過程を追うことができる。では、明恵と茶の関係は、一次史料でどの程度わかるのだろうか。

まず、鎌倉時代前期月未詳十一日付「明恵書状」（『妙法寺文書』）では、近々高山寺に来る予定になっている松月房慶政に、茶をふるまうことを約束している。

そして、鎌倉時代前期月日未詳「明恵書状」（『高山寺文書』）では、叔父の高雄上人上覚房行慈から茶実を分けてほしいと依頼されていたが、茶実はまだ熟していないために、茶実が熟してから送ることを約束している。これにより、高山寺では茶園があり、茶を栽培

図７　「駒の蹄影」の碑（京都府宇治市万福寺門前所在）

していることがうかがえる。

明恵の茶に関する一次史料は、この二通のみである。つまり、茶を境内で栽培し、それを飲んでいたことが確認できるのみである。

奈良と鎌倉の茶――鎌倉時代中期

ここでは、鎌倉時代中期（貞応元年―弘安十年、一二二二―八七）の喫茶文化の状況を見る。この時期も引き続き茶の史料は少ないが、その史料のほとんどが寺院史料か、寺院を舞台とした内容である。これは、いまだ喫茶文化が寺院社会にとどまっていることを示していよう。

『因明短釈　法自相　紙背文書』

その数少ない史料の一つが、奈良興福寺蔵『因明短釈　法自相　紙背文書』である。ここに登場する二人の人物を紹介しよう。一人は、この書状の差出《さしだし》である尊栄である。尊栄は、幕府が建立した鎌倉の大寺に所属しているものと見られ、もとは興福寺に所属していたものの、請われて鎌倉に下った関東下向僧と推測される。もう一人が、宛所《あてどころ》の興福寺東菩提院中臈《ちゅうろう》の勤蓮房である。尊栄のもと同僚と見られる。

東国に下る茶

建長元年（一二四九）と見られる「某書状礼紙《らいし》案」には、「毎年の茶の中で、今年の茶が、最上の品質である。自分が所属している寺院の僧侶たちに喜ばれ、皆が自分のところに来て『（茶を）飲みたい』と望むので、わずか三、四カ月の間に飲み尽くしてしまった。来年は茶を増量し六斗ばかりを自分（尊栄）の分としていただきたい。この間の春も常一法師が鎌倉へ下向する際に茶を運ぶ費用として銭三百五十文を支払った。茶を入手できて、とてもうれしかった。来年はわざわざ人夫を雇ってでも茶を運びたい」とある。「毎年の茶の中で」とあるように、建長元年段階ですでに数年にわたって、奈良の勤蓮房から鎌倉の尊栄に対して、茶が送られていた。茶は農産物加工品であるため、毎年同じ茶園から作られる茶であっても、同じ味になるとは限らない。そのような中で、この年の茶は美味しくできたのであろう。この尊栄が所属する鎌倉の大寺では、僧侶たちが尊栄のもとに来る茶を楽しみにしていた。尊栄が勤蓮房から来た茶を彼らにふるまうということも、毎年のことであったものと見られる。ただ、そのようにしてふるまうために、わずか三、四カ月のうちに飲み尽くしてしまった。そこで、この年の茶の量がどのくらいであったかはわからないが、翌年には六斗に増量してもらおうとしていた。また、この年は茶を僧侶の下向の際に費用を払い運ばせていたが、翌年は人夫を雇って運ばせようとしていた。このような状況から見て、鎌倉時代中期の鎌倉では、いまだ茶を生産していなかったものと見られる。

そして、年未詳六月「尊栄書状」になると、「また茶一石ばかりをお分けいただき、以前からのように、早々に建仁寺に送っていただければ、来月七月のころ、大番役の下向のついでに運ばせようと思う」とある。まずこの段階で、尊栄から勤蓮房へ送られる茶の量は、六斗よりも多い一石（十斗）に増量されている。そして、茶の運搬は奈良から京都の建仁寺へ送られたのち、京都の内裏《だいり》を警護する大番役のため京都に上洛していた御家人が鎌倉へ下向するついでに運ばせようとしていた。ここで中継基地となった建仁寺であるが、鎌倉幕府二代将軍源頼家が開基であるように、鎌倉幕府がスポンサーとなって建立された寺院であり、京都における鎌倉方の出先機関のような役割を果たしていた。

また、年未詳六月二十五日付「尊栄書状」、年月未詳二十二日付「尊栄（カ）書状」では、勤蓮房自らが鎌倉へ下向する際に、奈良にある茶や山茶を持って来てもらえるように依頼している。この奈良にある茶や山茶がどこで作られた茶であるかはわからないが、大和国を出るものではないものと見られる。

以上をまとめると、鎌倉時代中期の茶の生産は、奈良などの中央で行われていたが、鎌倉ではまだ始まっていなかった。そのため、茶の流通も、中央奈良から地方鎌倉への一方向であった。さらに茶の入手の方法は、奈良勤蓮房→僧侶→鎌倉尊栄、奈良勤蓮房→建仁寺（鎌倉方の出先機関）→御家人大番役の帰路→鎌倉尊栄、あるいは勤蓮房みずからが鎌倉へ下向する際と、「つて」によるものが主なものであった。そして、鎌倉で茶を飲むことができるのは、尊栄とその同僚という僧侶たちに限られていた。つまり、喫茶文化は基本的には寺院社会にとどまっていたものといえよう。

一般化には遠く

また、弘安六年（一二八三）成立の無住の『沙石集』にある「或る牛飼」の話は、貴族に仕える庶民である牛飼は茶を知らない設定に、逆に僧は茶を日常的に飲むことができる設定になっている。つまり鎌倉時代中期には、いまだ茶は寺院社会を出ておらず、一般化されていなかったことになろう。

ほかにもこの時期の茶の普及に貢献した人物として、叡尊《えいぞん》（一二〇一―九〇）の名前があがる（図8）。叡尊は、戒律を通じて密教の奥旨を究め、衆生済度をめざす西大寺流を開いた。

まず、叡尊は、正月に大茶碗で抹茶を飲む「西大寺大茶盛《おおちゃもり》」の創始者として世に知られ

図8　叡尊木像（西大寺所蔵）

ている。しかし、大茶盛については一次史料がなく、初見は戦国期にまで下がるという（永島福太郎「西大寺大茶盛」）。

また、弘長二年（一二六二）の東国への往復路（現存は往路のみ）の様子を書いた『関東往還記』には、叡尊が「儲茶」をしたことが記されている。すなわち、近江国守山宿、美濃国柏原宿、駿河国麻利子《まりこ》宿・清見関・見付宿、伊豆国逆尾《さかお》宿・懐嶋《かいしま》宿においてその記載がある。これまで「儲茶」は、信者への授戒ののちに茶を施すこととされてきたが、石田雅彦氏が同書から日程を計算されて、授戒をしている時間がないことから、茶はあくまで高齢の叡尊の滋養強壮のためであるとされた（「『関東往還記』に云う「儲茶」について」）。つまり、「儲茶」とは「茶を儲《もう》く」と読み、シンプルに茶を飲むことであった。

そのほか、正応三年（一二九〇）八月付の「叡尊葬送記」（『金沢文庫文書』五九七五号）

には、叡尊が亡くなったときの私物のリストがあるが、そこにはわずかな茶があった。叡尊は、亡くなる間際まで茶を飲んでいたものと見られる。

叡尊と茶の関わりを示す史料は以上で、個人的に茶を飲んだことは確認できるが、一般への普及を示すような事績は確認できないのである。

鎌倉時代中期、どのような茶が使われていたのかを示す史料を見ておこう。ただし、いずれも寺院の供物《くもつ》の茶であるように、寺院社会の事例に限られている。

顕密寺院の供物の茶

まず、建長八年（一二五六）五月二十七日付「北斗御修法用途注文案」（『醍醐寺文書』）には、「北斗御修法一七ヶ日分雑具外皆料用途銭事」として、北斗供で供えられた茶について、「茶を煎ずべし、次で御仏供を分けるにおいては、御仏供分け記さざれば、これを出だし給う。中間大童子非番法師の中、所々へ各一杯ずつこれを出す」とある。このときに供えられた茶は、煮出して飲む煎茶法の茶であった。そして、法会のあとの御仏供の分配については、書類等に分配される物品の記載がない者と、寺院の雑役にあたる下級僧侶の中間《ちゅうげん》・大童子、非番の法師たちへは、おのおの一杯ずつ茶が分配されていた。

一方で神仏に供える供物の茶には、徐々に点茶法の茶も取り入れられるようになる。高橋悠介氏が示された弘長二年（一二六二）『薄草子口決』（『称名寺聖教』二八一函一）には、星供養の際の茶の供え方が記されており、「本儀は抹茶を水に入れこれを使う。もしくは仏器に抹茶を盛り水にいれないという。あるいは、茶葉を煎じてその水を用いる。最も簡単な方法は、茶の葉を摘みこれを使用する」とあるように、煎茶法の茶だけではなく、抹茶も使うようになった（「密教儀礼における茶」）。

この際の抹茶は、茶筅などで攪拌するとは限らず、碗に水→抹茶の順に入れて攪拌しない可能性もある。それは、現在の真言宗・天台宗などの顕密《けんみつ》寺院や臨済宗などの禅宗寺院では、供物の茶「奠《てん》茶」や「御茶湯《おちゃとう》」として抹茶を用いる場合、碗に先に湯や水を入れ、次に抹茶を入れて攪拌しない茶を供える場合があるからである。

このように、鎌倉時代中期の寺院社会では、煎茶法の茶に加えて点茶法の茶も使用されていたのである。

『金沢文庫文書』に見る喫茶文化——鎌倉時代後期

鎌倉時代後期の喫茶文化の状況を知る史料としては、『金沢文庫文書』があげられる。

『金沢文庫文書』

金沢文庫は、金沢北条氏初代の実時によって所領の武蔵国久良岐《くらき》郡金沢庄（現神奈川県横浜市金沢区）に創設され、以後二代顕時、三代貞顕によって蔵書の収集が図られた。鎌倉幕府滅亡以後は、隣接する称名寺によって管理されてきた。現在は神奈川県立金沢文庫がこれを保管・公開している。平成二十八年（二〇一六）には、同館が所蔵する『金沢文庫文書』と『称名寺聖教』がともに国宝となった。

その『金沢文庫文書』約四千通のうち、約三百五十通が茶に関する文書であり、これらは鎌倉時代後期の喫茶文化を知ることができる貴重な文書群である。その内容で特徴的なこととしては、一つに茶筅と茶臼が使用されたことを示す初出史料を含むこと、二つに中世後期に展開する喫茶文化の諸形態の初期の姿が見られること、三つに東国で茶の生産が始まったことを示す初出史料を含むこと、という三点があげられる。

ここでは『金沢文庫文書』の中より鎌倉時代後期から南北朝期にかけての茶の生産・流通・消費の様子を見ていく。主な登場人物は、金沢貞顕と明忍房釼阿《けんな》である。貞顕は金沢北条氏三代目で、六波羅探題南方、のち北方も勤める。また、北条高時が執権となった際には連署を勤め、高時のあとを受けて十五代執権となるが十日で辞した。そして、鎌倉幕府滅亡の際に、一族とともに東勝寺で自刃しその生涯を終えた。明忍房釼阿は、金沢氏の祈願所で菩提寺である真言律宗の称名寺二世である。称名寺は、西大寺流（真言律宗）で極楽寺末寺である。

鎌倉時代後期の産地の広がり

鎌倉時代中期までの茶の産地としては、中央の京都・奈良で確認できるにとどまる。鎌倉時代後期になると、産地は地方にまで広がりを見せる。

前期に引き続き確認ができるのが、山城国栂尾高山寺の栂尾茶《とがのおちゃ》である。貞顕の書状

(『金沢文庫文書』一二五号　以下、号数のみ記載)からは、鎌倉にいる貞顕が栂尾茶の入手に苦労しつつも、息子の仁和寺真乗院の顕助を通じて入手しようとしている様子がうかがえる。

この時期、新たに確認できるのが、伊賀国(現三重県の一部)産の茶である(一九二)。そして、東国でも複数の茶園が確認できるようになる。

まず、鎌倉の近郊に位置する武蔵国金沢庄の称名寺には、境内茶園が営まれていた。一月二十八日付「覚恵書状」(九九一)によると、この茶園には、わざわざ人を雇って作らせた垣根があった。

次に房総半島での事例も見られる。称名寺末寺の上総国土橋《つちはし》東禅寺(現千葉県香取郡多古町)にも茶園があった。四月七日付「湛睿《たんえい》書状」(一八二八)には、称名寺に「土橋末茶」を進上させるとある。「湛睿書状」(一九〇二)にも「下品に候と雖も、当寺常住茶進らしめ候」とあるように、東禅寺茶を称名寺に進上している。その東禅寺には、下総国三ケ谷(現千葉県茂原市三ケ谷)にある末寺の永興寺茶園の茶が送られていた(二五七一)。

さらに称名寺の本寺、鎌倉極楽寺の勧学院には、如信を介して房総方面と見られる「三くら」から引茶一裹が送られている(二〇一四。福島金治「鎌倉と東国の茶」)。

そのほか、称名寺領の下総国下河辺庄赤岩郷（現埼玉県北葛飾郡松伏町）から「赤岩茶」十斤が、称名寺に運ばれていた（二九九五）。

それではこれらの場所では、どのように茶の木を栽培し、どのように製茶していたのであろうか。まずは、その生産方法について見ていこう。

茶の栽培

中世には、日光を一年中浴びて栽培される露地茶園の茶葉を使っていた。茶の木を増やすためには、茶実を蒔いて育てる実生《みしょう》栽培を行っていた（九七四）。しかし、実生栽培では、茶実を蒔いても必ず発芽するとは限らず、栽培効率は低かったものと見られる。一度目は発芽しなかったため、再度茶実をもらい蒔こうとしていた事例もある（三四六八）。

首尾よく茶の木が育ち、四、五年もすれば茶を摘むことができる。史料に見える「番」とは、摘採時期の回数を示す語である。『金沢文庫文書』に見える摘採回数のうち、五番が最多回数である（一八九二）。

中世は「抹茶」であっても新茶を重視していた。近世以降のように、新茶を茶壺に詰め、ひと夏を冷暗所で保管し、秋に茶壺の口を開封するという「口切《くちきり》」の発想はまだない。

なお、新茶の摘採時期についてはかなりの幅があった。「新茶」の語が見える書状で最も早い日付が旧暦の二月三十日付で、この日、貞顕は称名寺の釼阿から新茶一裹をもらったとあるため、茶はこの日以前に製茶されていたことになる（二八一）。また、「初度茶」（五一一二）・「寺中第一の新茶」（三二九）とは、初摘みの新茶のことで高値がついていたし、「第二度の新茶」（五一一二）もあった。

一方で「晩茶」（四七三五）が見えるが、これは最終摘採時期の茶のことを指すものと見られる。

製茶と消費側の加工

摘採された茶葉は、続いて製茶される。残念ながら『金沢文庫文書』には、製茶の一次加工および二次加工の工程について書かれた史料はない。ただ、称名寺三世となる湛睿から茶が送られた末寺の僧侶の書状には、「当寺の茶院に炭竈無く候間、積み取るべからず候の間」（四八九八）とあるように、この末寺には「炭竈」がないために製茶ができなかったとある。この「炭竈」とは、茶を乾燥させる道具である焙炉《ほいろ》（雪洞《せつどう》）のことではないかと見られる。つまり、称名寺やその周辺では、焙炉による乾燥を行っていたことが想定される。

飲み方としては、煎茶法と点茶法の両方があった。

点茶法の茶の場合には、茶を摘み、すぐに蒸し、焙炉で揉まずに乾燥させる。そして、

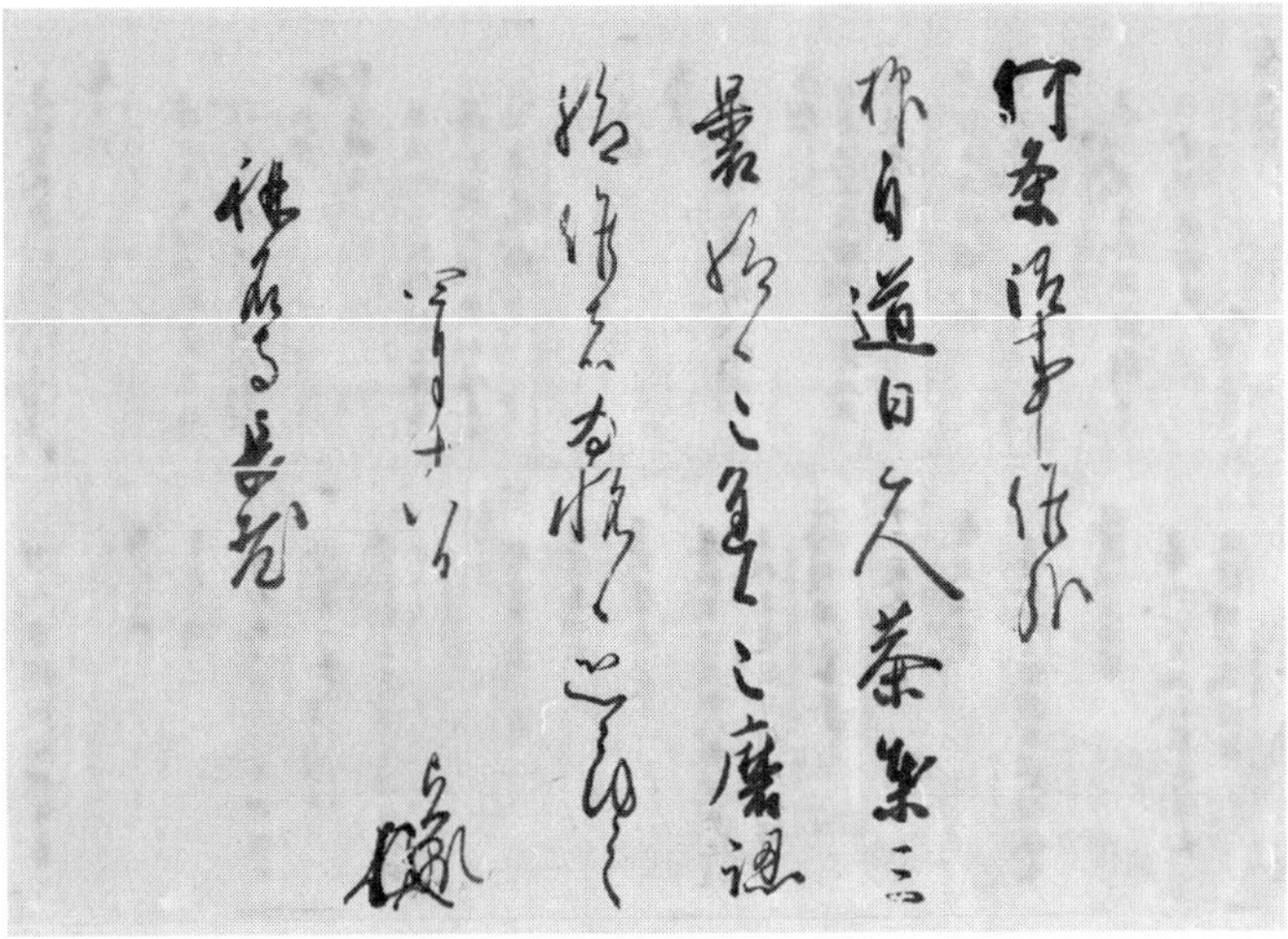

図９　金沢貞顕書状（称名寺所蔵、神奈川県立金沢文庫管理）

抹茶にして湯を注いで飲むことになる。『金沢文庫文書』では、茶を粉砕するために茶臼を使い、茶を攪拌するために茶筅を使っていたことが確認できる。

現在、茶臼で挽いて抹茶にする工程は、一部の茶人が口切茶事などで茶臼を使い手引きをするほかは、二次加工の段階で、茶商が碾茶《てんちゃ》を電動茶臼などで粉砕して抹茶にし、それを缶や袋に詰めて販売している。しかし、中世において茶臼で茶を挽くことは、消費者側の行為であった。その最大の理由は、茶臼で茶を挽くと、その時点から変色して香りや味が悪くなるなどの劣化が始まるためである。鎌倉時代後期、茶臼は寺院で所持していたが、貞顕のような幕府の要職に就く者でも所持していなかった。そのため貞顕は、その都度称名寺に依頼して茶を挽いてもらっていた（一一七、図9）。

また、茶を点《た》てるときに使う茶筅も、その入手は寺院に頼っていた（一六四）。これらの状況を見ると、点茶法の茶を飲むことができる場所は、寺院社会やその周辺に限られていたといわざるを得ないだろう。

東国に下る京都茶

当時の茶の流通方法について、入手方法と地域という側面から見てみよう。

これまで見てきたように、平安時代から鎌倉時代中期までは、茶の入手方法は、「つて」によるものであり、産地が京都・奈良という中央であるために、中央から地方へ送られていた。鎌倉時代後期になっても、鎌倉時代中期までと同様に、中央の京都から東国の鎌倉や近郊の金沢へ、茶が送られていた。

貞顕は六波羅探題南方と北方を務めた京都在住時には、貞顕から称名寺へ茶を送っていた（一〇五）。鎌倉在住時の貞顕の京都茶の入手経路は、息子の仁和寺真乗院顕助の「つて」で入手していたが（一二五）、ひとたび顕助が鎌倉へ下向しようものならば、たちまち入手先を失い困ってしまった（三三九）。

特に、鎌倉方《がた》の垂涎の的となっていた栂尾茶であるが、鎌倉時代後期七月九日付の京都在住の貞顕の執事、倉栖兼雄の書状（五五九）を見ると、文中でわざわざ「間違いのない栂尾土産」と断っているところから、この時期、偽物の栂尾茶が出回っていたものと見られる。偽物が出るということは、すでに栂尾茶は、ブランドなみの扱いがなされていたことになろう。

称名寺茶の流通

鎌倉時代後期になると、茶は中央から地方へだけではなく、地方から中央へも運ばれていた。元応年中には、称名寺の茶が、飯尾兵部左衛門尉が上洛する際に、京都在住の称名寺沙汰雑掌《さたざつしょう》（庄園等の訴訟事務担当）である寂忍の許へ運ばれ、寂忍はこれをもてなしに使用していた（一三七二）。このように、「つて」による少量の流通とはいえども、称名寺の茶が中央の京都に上っていたことは注目される。

また、称名寺からは貞顕以外の御家人にも送られていたが、貞顕の親戚で鎌倉幕府の文官として活躍した長井貞秀（六三〇）や、北条高時の外家でその後見をつとめ、貞時とは親戚関係にある安達時顕（七〇二）と、いずれも貞顕の縁者に限られていた。

なお、この時期には「世間の茶薗」（一五一六）とあるように、俗人が経営する茶園が登場し、茶が市場で販売されるようになっていた。

以上のように、鎌倉時代後期の茶の流通は、中央から地方へだけではなく、地方から中央へも茶が運ばれていた。また、入手方法は鎌倉時代中期から引き続いての「つて」によるものだけではなく、市場でも茶が売買されるようになった。

最後に、消費についてである。すでに平安時代から鎌倉時代中期までの寺院では、茶は薬用のほか、寺院法会の供物《くもつ》・饗応・引物・贈答品・嗜好品と、さまざまな用途に使用されていた。称名寺でも、年中行事で茶を使用していた。茶が伝来した平安時代以来、寺家では、俗人の貴人の来訪があったときには、茶を出してもてなした。

俗人が僧侶をもてなす茶

それが鎌倉時代後期になって、茶が寺外へ出るようになる。元徳二年（一三三〇）三月四日付の貞顕書状（四二八）によると、春の彼岸中の法要のため鎌倉の貞顕邸に来た釼阿へ、「御時」（斎）＝食事の際に茶を勧めたとある。すなわち、鎌倉時代後期には俗人の邸宅で僧侶に茶を出してもてなすようになっていたのである。しかも、本来「食事」と「茶」は別々のものであったが、食事の際に茶が出されるようになったことも注目される。

「煎点」に見る食事と茶との関係

この食事のときに茶が出されるか否かに関して触れておきたいのが、禅宗寺院の僧堂での日常規範を定めた「清規《しんぎ》」に散見する「煎点《せんてん》」についてである。祢津宗伸氏は、「煎点」を「茶または湯を文字通り煎じて注ぐこと」としている。以前、拙稿でも永田尚樹の成果を踏まえ、「煎点」とは食事に茶を飲むことが伴うものとしたが（「古記録に見る室町時代の茶礼について」）、その後これが誤りであることに気が付いた。結論からいえば「煎点」とは食事のことであり、ここに茶を飲むことは含まれない。

研究史を遡《さかのぼ》れば、昭和三十一年（一九五六）、『茶道古典全集　第一巻』所収の『勅脩百丈《ひゃくじょう》清規』を校訂した福島俊翁氏は、上巻の「嗣法《しほう》の人の煎点を受く」の注で、「煎点」について「煎熟した食物をば心に点ずること。凡そ茶湯を進める時には煮た食物や果物を出し、食し終って茶湯を出すのであって、茶湯以外に煎点ということがある。旧説では煎茶を点じるとしているのは謬であろう」としている。それに祢津氏が示した『禅苑清規』の第四巻「堂頭侍者」の「煎点と茶湯は、各時節により」では煎点と茶湯が並記されているし、続く第五巻「僧堂内煎点」の「茶罷り（中略）和尚煎点を蒙る」は「茶が終わり（中略）和尚煎点をいただく」と訳すように、「茶」と「煎点」は別々のものである。したがって、「煎点」とは食事のこととなる。

室町時代の茶の生産

往来物に見る喫茶文化の広がり

茶園の広がり

平安時代前期、わが国でも茶の栽培が始まったが、その後は主に寺院社会を中心に広がりを見せる。鎌倉時代前期・中期までは京都・奈良などの中央の権門寺社の境内で、鎌倉時代後期になると東国などの地方末寺の境内で、南北朝期になると地域の有力武家層の菩提寺を中心に茶園が営まれるようになった。

俗人の営む茶園は、鎌倉時代後期から見られるようになり、南北朝期の『庭訓往来《ていきんおうらい》』「三月往状」に「前栽《せんざい》に茶園、同じく調え殖ゆべきなり」とあるように、地方の庄園の現地事務所である政所に茶園を作るのが望ましいとされた。

この『庭訓往来』をはじめとする「往来物《おうらいもの》」は、南北朝期を中心に作成された、往復書箇が収められている庶民用の初級教科書である。手紙の書き方を学ぶとともに、当時の人たちが知るべき教養を学ぶものであった。

そこには、茶に関すること――日本と中国の茶の名産地、闘茶のこと、生産の道具のこと、茶道具のことなどが記されている。つまり、茶に関することは、当時の人たちが知っておくべき教養の一つということになる。そして、ここに書き上げられた茶の名産地を検討することで、生産を軸とする喫茶文化の広がりを見ることができる。

茶の名産地と宗派

南北朝期の『異制庭訓往来《いせいていきんおうらい》』「三月復状」は、日本の茶の名産地をランク付けした最初の史料である。

> 我朝の名山は栂尾《とがのお》を以って第一となすなり。仁和寺、醍醐、宇治、葉室、般若寺、神尾寺《かんのうじ》、これ補佐たる。此の外大和宝尾（室生）、伊賀八島、伊勢河居、駿河清見、武蔵河越茶、皆これ天下の指言す所なり。仁和寺及び大和・伊賀の名所処々の園に比べ、瑪瑙を以って瓦礫に比するが如し。又栂尾を以って仁和寺・醍醐に比すは、黄金を以って鉛鉄に対すが如し。末流の名誉あるを以て、殊に本所の価声を振う。

とある。「第一」＝一位が栂尾高山寺で、「補佐」＝二位グループが六カ所あり、その中に宇治がある。栂尾と二位グループを比較すると、「黄金」と「鉛鉄」ほどの違いがあるとする。なかなか厳しい評価である。

同じく南北朝期の玄恵『遊学往来《ゆうがくおうらい》』「四月往状」にも茶の名産地があげられる。これは『異制庭訓往来』を踏まえて書かれたもので、大方の産地が重なるが、新たに伊勢小山寺・石山寺・近江比叡が加えられている。

丹生谷哲一氏は、『異制庭訓往来』に見える茶の名産地には、拠点となる寺院があり、これには山城国の宇治・葉室、大和国の般若寺・室生寺、伊賀国服部の菩提寺と、叡尊《えいぞん》によって再興された西大寺流の寺院が多いことを指摘された（「一服一銭茶小考」）。この西大寺流は、戒律と密教の共存をめざしたため「真言律宗《しんごんりつしゅう》」ともいう。真言律宗も、顕密八宗の枠組に入る。

しかし、これ以外の産地の寺院や、『遊学往来』に見える産地の寺院もあわせてみると、どうなるであろうか。

栂尾高山寺は明恵《みょうえ》再興の華厳宗の寺院、仁和寺は真言宗広沢流の中心寺院、醍醐の醍醐寺は真言宗小野流の中心寺院、神尾寺は丹波国桑田郡野口庄《ののぐちしょう》の華厳宗高山寺末寺の廃寺（図10）、伊勢河居は不明、駿河清見は臨済宗聖一派の清見寺、武蔵河越は天台宗無量寿寺、伊勢小山寺は不明、石山寺は近江国の真言宗の古刹、近江比叡は天台宗延暦寺であ

図10　神尾寺僧坊跡の茶の木（京都府亀岡市金輪寺所在）

る。以上十一カ所に西大寺流（真言律宗）五カ所を加えると、十六カ所中十三カ所が顕密《けんみつ》寺院であり、禅宗寺院は清見寺一カ所である。しかも清見寺は臨済宗でも聖一派であり、天台・真言と兼学であった。これまでの茶道史のように、茶は日本に伝わって以来、禅とともに広がるというのであれば、ここに見える茶の産地の拠点となる寺院には、禅宗寺院が並ぶはずである。しかし実際には、顕密寺院が大方を占めている。つまり、鎌倉時代までの茶の生産の広がりには、禅宗寺院よりも、顕密寺院が深く関わっていたものといえよう。

そしてこの時期、茶の生産が東北地方

を除く北は北関東から南は九州地方までの各地で行われるようになると、茶に税が賦課されるようになる。すなわち、定例化した「礼物」を税に準じるものとして収入の見込みにしたことに始まり、次第に公事・年貢・茶役・懸茶などさまざまな名目で、各階層の領主が賦課するようになった。

茶園の種類

茶園の分類

史料を読み進めるうちに、ひとくちに中世茶園といっても、実は多様な土地利用の方法の茶園があることがわかってきた。そこでこれらの茶園を分類しようと、先行研究を探してみた。すると、農業地理学の山本正三氏が、①台地・丘陵地域の「牧ノ原型」と、②「山間地域型」に（『茶業地域の研究』）、茶業史の大石貞男氏が、①「台地型」、②「山地型」（山本氏の山間地域型）、③「山沿い型」に分類された程度しか見つけることができなかった（『日本茶業発達史』）。これは現代の静岡の茶園にこそ当てはまるもので、狭小で零細な中世の茶園には当てはまるものではない。しかもこれらは地形による分類であり、土地利用の方法による分類ではなかった。先行研究がなければ自分で類型化するしかない。そこで中世の茶園を、土地利用の方法によって、本畠《ほんばた》茶園・山茶園・屋敷茶園・畦畔《けいはん》茶園に分類した。

本畠茶園とは、本畠（定畠《じょうはた》）に茶の木を植えて栽培する茶園のことをいう。その本畠茶園には、茶の木だけを植える「単作茶園」と、ほかの作物といっしょに植える「混作茶園」がある。

山茶園とは、山地に作られた茶園のことをいう。山茶園には、焼畑茶園・山畠茶園、焼畑茶園と山畠茶園の間、藪茶園がある。焼畑（切畑）茶園とは、草地や山間地などで雑草や雑木などを焼き、その焼き跡から生えてくる茶の木を育てる半栽培を行う茶園のことをいう。焼畑の場合には、土地がやせるとほかの土地に移り、また時間をおいてその土地を使う。これを「切替畠」、あるいは「切畠」という。焼畑は原始的な農法といわれるが、中世史料には焼畑茶園とわかる史料は見られない。山畠茶園とは、山地にあり定畠の茶園をいう。焼畑茶園と山畠茶園の間とは、民俗学的には、焼畑茶園（半栽培）から山畠茶園（栽培）に移行する途中の茶園のことをいう。藪茶園とは、藪の中に茶の木を植えて栽培する茶園のことをいう。

屋敷茶園とは、屋敷地内に栽培される茶園のことをいう。屋敷茶園には、寺院内に作られる「境内茶園」と、俗人の屋敷内に作られる狭義の「屋敷茶園」がある。

畦畔茶園とは、畦畔に作られた茶園のことをいう（図11）。中世の「畦畔」に類する狭小な土地を示す言葉には、田と田（畠と畠）の間に土を盛り上げて境とした「あぜ（畦・畔）」、田と田（畠と畠）の間にある耕作されていない土地である「くろ（畔）」、斜面をあらわす「きし（岸）」、「ほとり（頭）」があるが、いずれの場所にも茶園が作られた事例が

図11　畦畔茶園（埼玉県松伏町所在）

ある。

以上のように、中世後期には、畦畔のような狭小な土地さえも利用して、茶の木栽培が行われていた。畦畔栽培の場合には、本田・本畠には肥料を入れるが、それが畦畔に染み出すので肥料が要らないとされる。また、畦畔は土を盛って作られたり、傾斜地であったりすると土が崩れやすいので、茶の木を植えることでそれを防ぐ役割、いわゆる土留めの役割があるとされている。このように、規模は零細でも合理的で高度な土地利用のあり方が茶の生産量を増やし、結果的に庶民層に至るまで茶を飲むことができる「日常茶飯事」の時代の到来を実現させたものと考えられる。

市場を流通する零細茶園の茶

そもそも茶園とは、茶の木が何本ぐらいあれば茶園と呼ぶことができるのであろうか。

答えは、一本からである。文禄三年（一五九四）五月日付「千本南坊請文」（『大徳寺真珠庵文書』）に「茶ゑん一本」とある。一般的に茶園というと、畠一面に茶の木が植えられている光景を想像されることであろう。しかし、そうした茶園ばかりが茶園ではないことを、この史料は物語っている。

また、畦畔茶園や屋敷茶園の茶など栽培規模が零細な茶園の茶は、自家用茶であったと断じられる場合がある。しかし、それは必ずしも何か根拠があってそのようにいわれるわけではなく、零細な茶園の茶は品質が良くないから売りものなどにはならないというイメージだけでいわれている場合が多い。

天文年間（一五三二―五五）ごろの丹波国和知庄《わちのしょう》（現京都府京丹波町）の「和知下庄年貢差出」を見ると、百姓「のかいち」は、領主片山氏に対して「茶五本分」として百文の税を納めていた。この茶園は畦畔茶園もしくは屋敷茶園と見られる、このわずか五本の茶の木が植えられていたきわめて零細な茶園から、銭で百文の税を納めるためには、五本の茶の木の茶葉を摘んで製茶し、それを市場で売却して百文を捻出する必要があった。つまり、この茶園の茶は、市場で流通していたことになる。このように、零細茶園の茶は、自家用茶と限られるものではなく、市場でも流通していたのである。

茶園と環境

茶の木には、その特性に適した栽培環境がある。中世人は、その特性を把握したうえで、栽培を行っていた。では、どのような環境に強く、どのような環境に弱いのだろうか。まず、自然災害として、洪水・冷霜害・獣害について見る。次に人的災害について見る。

洪水に強い

茶の木は洪水には比較的強い。京郊の賀茂川河川敷の迫田《さこだ》の頭《ほとり》にある畦畔茶園は、洪水の際に水に漬かるおそれがあった（拙稿「中世茶園について」）。このような洪水に見舞われやすい場所に茶園が設けられるということは、茶の木は洪水に比較的強いということになる。通常、この理由は実生の茶の木が牛蒡《ごぼう》のような直根であるため、洪水でも倒れにくいからと説明される。しかし、挿し木栽培が主流の現在でも、京都府城陽市・八幡市などの木津川の河川敷では「浜茶」と呼ばれる碾茶用の覆下茶園が見られる。これらの茶園は、洪水にも見舞われるが、茶の木が倒れるという被害は思いのほか少ない。挿し木栽培でも、洪水に比較的強いといえよう。民俗調査では、洪水に見舞われたとしても、茶の木にとっては上流から養分が運ばれるため良いとされている、という聞き取りも得られている（谷阪智佳子氏のご教示）。

冷霜害に弱い

茶の木は冷霜害には弱い。永禄年間（一五五八—七〇）三月二十九日付の千利休《せんのりきゅう》が堺の天王寺屋津田宗閑《つだそうかん》へ宛てた書状に、「宇治茶は来る四月四、五日を手始めとするため、今朝上林《かんばやし》惣三郎久茂を上洛させた。壺詰めのことは、茶葉が霜で被害が出たため、詰め茶の日は日延べする必要が出てきた。来る四月十四、十五日ごろに壺詰めができるかと思う」とある（『今日庵文書』）。この年、宇治では霜害のために新茶の壺詰めが延期されることになったのである。

なお近年、沢村信一氏は寒冷期に茶の木を霜害から守るために、宇治では、十五世紀には直《じか》がけ茶園が、十六世紀前半に覆下《おおいした》茶園が誕生したのではないか、とする仮説を出された（「覆い下栽培の成因に関する一考察」）。

しかし、十五世紀に直がけ茶園、十六世紀前半に覆下茶園があったことを証明する史料がないうえに、寒冷期ゆえに冷霜害が多いとするのは早計である。温暖化の進む現代でも毎年のように冷霜害が報告されている。宇治市の碾茶《てんちゃ》農家の古川嘉嗣氏によると、現代の方が温暖化で早く新芽が動く（萌芽して生育してしまう）ために、新芽が遅霜の被害を受けやすいという。しかも、被覆をすれば冷霜害を防げるとするのも早計であり、氷点下一〜二度以下になると状況によっては被覆をしていても被害を防ぐことができないという。

したがって、今のところ沢村説は立証できないことになる。

また、平成二十九年（二〇一七）九月五日、京都府立大学の研究チームが奥ノ山園の土壌断面の稲藁成分の含量分析から、十五世紀に覆下栽培が始まっていたとする調査結果を公表した（『城南新報』）。しかし、稲藁は露地茶園や田畠の苅敷にも使われるため、含量だけで稲藁の使用目的までを特定できない。そのため従来どおり、織豊期の様子を記したジョアン＝ロドリゲスの『日本教会史』が覆下茶園の初見史料であり、吉村亨氏の天正九年（一五八一）ごろから登場する「極上」が覆下茶園の茶葉を使った最初の「抹茶」の銘ではないかとする説に従っておきたい（『宇治茶の文化史』）。

茶の木は獣害に弱い。

獣害には弱い

現在でも、鹿が新芽を食べる、猪が土中にいるミミズを食べるため根の部分を掘り返すという被害が出ている。

『大《だい》乗《じょう》院《いん》寺《じ》社《しゃ》雑《ぞう》事《じ》記《き》』明応三年（一四九四）二月六日条によると、「南に不思議の辻子あり。東は川、北も川、西は類地なり」という奈良の荒畠は、「故因幡法眼隆舜が願い出て茶園にしたが、鹿園のため成立しなかったので茶園を返した」という状況になっていた。「荒畠」とは、いちど畠として開発したものの、何らかの理由があって畠としては成立せず、しかし再開発を期待されている土地である。畠として成立しなかった理由は「東は川、北も川」、すなわちこの地を直角にカーブする形で川が流れていたため、洪水が起きやすかったためと見られる。そこでこの荒畠は、洪水にも比較的強い茶園として再開発されたのである。ところが、今度は一帯が春日大社の「鹿園」であるため茶園としては成立しなかったのである。これは鹿が茶の新芽を食べてしまうために、茶園経営ができなかったということになろう。つまり、茶園は洪水には比較的強いが、獣害には弱いということになる。

また、鎌倉時代後期の称名寺茶園では、茶の木自体が垣根になるにもかかわらず、わざわざ人を雇って茶園を囲む垣根を作らせている（『金沢文庫古文書』九九二）。鎌倉時代の鎌倉の山には、鹿も猪もいたようで、鎌倉からは一山越えただけの金沢の山にも鹿や猪がいたとしても不思議はない。垣根は獣害から茶園を守るために作られたのであろう。

茶園と人災

次に人災である。茶の木に対する人災は、鎌倉時代末期ごろから見られるようになる。大和国西大寺では、秋篠寺の悪党が、忍性《にんしょう》が植えたとされる境内の茶の木や松を引き抜いてしまい、文保のころには荒野と化していた（『西大寺旧記』）。

次いで、収穫前の茶葉を摘み取るという行為も見られるようになる。明徳元年（一三九〇）三月二十三日、相模国金目郷《かなめごう》光明寺では、当時、裁判で対立していた鎌倉の浄光明寺が悪党らと共謀し、寺の四壁を破り乱入して「多々茶園を摘み取る」という狼藉があった

（『光明寺文書』）。

戦国大名が寺院に対して出した定書《さだめがき》や禁制《きんぜい》にも、茶園への狼藉を禁止する条目が盛り込まれている。永禄十年（一五六七）二月二十九日付「今川氏真判物」（『大通院文書』）には「茶園公用と号し摘み取り、小松引・落葉等攪き取る事」、永禄十二年九月二十九日付「今川氏真判物写」（『松林寺文書』）には「茶園公用と号し摘み取る事」を禁止するとある。これらは寺院の境内茶園が、収穫前の稲を刈り取る「苅田狼藉《かりたろうぜき》」ならぬ、「摘み茶狼藉」の被害を受けていたことを示している。

土地利用目的の改変の容易さ

また、茶園と環境に関連して、土地利用目的を改変することの容易さがあげられる。中世のある時期に茶園があり、かつ後世にも茶園があるからといって、その間ずっと継続的にその場に茶園があるとは限らない。茶園は簡単に田地や畠地などのほかの用途に改変できるからである。現在でも抹茶の需要があるからと、山林を開発して集団茶園にした例、田地を覆下茶園にした例、逆に茶園を潰して宅地にした例などが見られる。

奈良興福寺大乗院門跡の政覚《せいかく》は明応三年（一四九四）三月六日に四十二歳で死去した。そのため、興福寺の葬式寺である己心寺に命じ、東の松原の内に火屋を用意させた。「火屋」とは高僧や貴人の葬式の際に設けられる火葬場のことである。この土地は、文明五年（一四七三）八月二十七日に死去した前門跡の経覚の際にも火屋が作られた。その後は「年久の間」茶園や畠が作られていたが、このたび政覚の葬礼のために火屋が作られたのである（『大乗院寺社雑事記』明応三年三月二十三日条）。この「東の松原の内」にある在所は、二十一年の間に、火葬場→茶園・畠→火葬場と変化したことがわかる。

このように、土地利用の目的は、安易に変えることができる。したがって、茶園の存在は、史料に記されているその時期だけしか証明することはできないのである。

「蠟茶」をめぐる研究動向

さらには、茶の生産と関連させて、中世の固形茶とされる「蠟茶《らっちゃ》」「香《きよう》茶」について見ておこう。これらは、すでに拙稿で取り上げた。すなわち、足利義教期から京都西山の西芳寺へ御成を行っていたが（のちには春の桜、夏の蓮、秋の紅葉の季節に定着化）、この際、西芳寺からの引き出物として、毎回「一千片」という大量の「蠟茶」あるいは「香茶」（薌茶）を献上させていた（『蔭凉軒日録』）。この「蠟茶」と「香茶」は同じものを指すと見られ、その単位に「片」「団」「反」「斤」「返」を使用している。「片」と「団」は固形茶の単位である「反」「返」は「へん」と読み、「片」に通じる。「斤」は「片」との混同による使用と見られる。このように、

「蠟茶」に使用されている単位からは、固形茶が想定できるとした（「中世における茶の生産について」）。

その後、岩間眞知子氏がこれらの「蠟茶」は中国からの輸入品で、義教から西芳寺へ進上したものと解釈されるなど拙稿を否定した（『喫茶の歴史』、「日本と中国の蠟茶と香茶」）。しかし、岩間氏自身が指摘されているように、「蠟茶」を中国から輸入した史料はない。また、永享七年（一四三五）十月二十三日条の「西芳寺蠟茶進上すべきの事、誉阿を以て仰せ出さる」は、「西芳寺の蠟茶を（義教）に進上するようにということを、（申次の）誉阿を通じて（義教が）命じた」となるように、『蔭涼軒日録《いんりょうけんにちろく》』の記事はすべて西芳寺から室町殿への進上となる。さらに、岩間氏が取り上げた『看聞御記《かんもんぎょき》』の「羅茶」は、同時期に西芳寺から伏見宮貞成親王へ送られていることから「ラッチャ」と読み、「蠟茶」と同じものと考えて差し支えない。やはり、西芳寺からは、室町殿（足利将軍家）へ御成の際に、あるいは伏見宮家へ、自家製の蠟茶（羅茶）が進上されていたのである。

では、「蠟茶」とは何か。中世の『庖丁聞書』の「蠟茶」には、「好茶大、甘草少、白苴大、丁子大、桂心大、胡椒大。右細末丸め、金銀の衣をきせ、紙に包、肴台などに載出す事。乱酒の時定れる法なり」とある。『日葡辞書』「Raccha　ラッチャ（蠟茶）」にも、

「中に茶の入った、小さな塊のようなある薬」とある。「蠟茶」は茶入りの丸薬であった。つまり、義教期から義政期の西芳寺では、寺内で茶を使用した丸薬の「蠟茶」を製造し、礼物として室町殿や伏見宮家などに進上していた。「蠟茶」そのものを輸入した形跡は見られないが、原料の一部の香辛料などと、「蠟茶」を作る技術は中国から伝来されていたことになろう。

やがて国産の「蠟茶」は一般にも流通するようになる。すでに笹本正治氏が指摘されているように、戦国期から江戸時代初頭成立と見られる御伽草子《おとぎぞうし》『おようのあま』では、いわゆるリサイクル業者である「すあい」のおようが扱う商品の一つに、「らつちや」＝蠟茶がある設定になっているからである（『日本の中世三　異郷を結ぶ商人と職人』）。

茶の技術を持つ人々

中世には、どのような階層の人たちが、茶を栽培し、製茶し、点茶し、給仕をするなどの茶に関わる技術を持っていたのであろうか。史料を読み進めるうちに、それにはある共通点があることがわかってきた。

顕密寺院―北野社の場合

まず、顕密《けんみつ》寺院の北野社の場合から見ていこう。

中世の北野社は北野天満宮寺といい、比叡山延暦寺の末社である。「社僧」という神社に仕える僧侶が祈禱を行っていた。その内部組織は、祈禱などの宗教行為を行う上級僧侶としては、社務職を持つ「別当」、社家職を持つ「祠官家」があり、雑役を担当する下級僧侶としては「目代」、北野社では承仕《しょうじ》と同じ「宮仕《みやじ》」、神様への供え物を作る御供所八嶋屋に仕える「厨女」「巡検」「主典」「左右神女」がいた。社務方の別当は曼殊院門跡であり、北野社には常住しないために「目代」が派遣されていた。社家方祠官家のトップは松梅院で、北野社に常住し室町殿の祈禱を行う「御師《おし》職」を持っていた。そのため、松梅院は社内における権力を強め、社務方との社内における主導権争いで勢力が拮抗し、その下で実務にあたる社務方の目代と、社家方の成孝との力関係も拮抗していた。

その北野社では、境内に神供用の茶園があり、毎年社僧等が出て茶の生産を行っていた。まず茶摘みである。明応九年（一五〇〇）四月五日、政所承仕を兼ねる社務方の目代と奉行が出て茶摘みを行った。永禄二年（一五五九）四月二十五日にも、御供所八嶋屋から宮仕衆中へ、茶摘みをするように依頼された（『北野天満宮史料・目代日記』）。製茶については、残念ながら史料がない。

次に茶詰めである。明応八年四月二日には、神供用の御茶詰めを宮仕の下女が行っている。これに関して、茶の配分であるが、延徳二年（一四九〇）四月にはちょっとした事件が起きた。神供用の茶は、目代から八嶋屋へ茶壺に詰めて配分するのが通常であるが、八嶋代を持つ成孝がその茶壺を紛失してしまった。急場をしのぐため、目代は茶を焙炉紙《ほいろ》に包んで渡したのである。焙炉紙は、茶を焙炉で乾燥させる場合に敷く紙である。現代の焙炉では炉に載せる箱型の助炭の部分に紙を貼る。これはこの上で茶を揉むために強度が必要であるからである。中世には茶を揉む工程がなかったので、炉の上に竹などの桟を渡して紙を敷き、その上で茶を反転させながら乾燥させるだけでよかった。そのため焙炉紙を茶を包む紙として、二次利用することができたのである。

以上の北野社の茶の生産の様子をまとめると、下級僧侶の宮仕衆中や目代・奉行が出て茶摘みを行った。製茶については、残念ながらわからないが、製茶された茶葉を、宮仕下女が壺に詰め、目代から八嶋屋などに配分されたのである。

このように、顕密寺院で茶の技術——茶の生産や供茶の方法、飲茶の用意の方法、儀礼の場で給仕を身に付けていたのは、承仕・宮仕・御子《みこ》など雑役にあたる下級僧侶、すなわち公人《くにん》層であった。

禅宗寺院の場合

次に禅宗寺院でも見ていこう。

禅宗寺院の組織は、東序と西序に分かれ、東序は都寺《つうす》・監寺《かんす》・副寺《ふうす》(司)・維那《いな》・典座《てんぞ》・直歳《しっすい》の六知事からなり経営を担当する。西序は首座《しゅそ》・書記・蔵主・知客《しか》・浴主《よくす》・庫頭《くじゅう》の六頭主《ちょうしゅ》からなり修行を担当する。

まず、京都紫野大徳寺の塔頭では、製茶道具を保管していた場所がわかる。すなわち、永正六年（一五〇九）正月日付「如意庵校割帳《こうかつ》」を見ると、「庫司《くす》」に「焙炉大」「茶摘笊籬八ヶ　内一ヶ篩」といった製茶道具があった。「庫司」とは、禅宗寺院の台所のことで、庫院、庫裏ともいった。大永七年（一五二七）十二月日付「龍翔寺校割帳」にも、「方丈幷庫司」に「茶籠」「焙炉」「茶炮」とある。これらの製茶道具は、住職の居所である方丈よりは、「庫司」にあったと見るべきであろう。

では、寺内で誰が茶の生産の実際にあたっていたのであろうか。『永平寺知事清規《しんぎ》』によると、「園頭《えんじゅう》」という菜園の担当者が、直歳の配下にあり菜園の耕作などの労働に従事していたが、この職務を雲水《うんすい》が手伝っていた。したがって、境内茶園も、園頭のもと雲水が手伝いこれを生産していたものと見られる。

現在の京都の禅宗寺院の僧堂でも、副司《ふうす》などの監督のもとで、五月上旬の決められた日に「茶作務」として雲水が境内茶園で茶摘みを行い、庫司で製茶を行うところが複数ある。製茶方法は各寺院で異なるが、多くは揉み製の茶である場合が多い。寺内で製茶された茶は、庫司に保管され、朝の僧堂の先師像、庫司の大黒天への供茶に、あるいは食事の際の茶に使用される。

ここで重要なのは、禅宗寺院において、茶に関わる直歳やその下にいる園頭・行者が担当する雑役を、下級僧侶の仕事とは認識していないことである。これらの役職は、人格者を選ぶよう重視されている。さらに禅宗寺院の修行僧である雲水は、食事や掃除をはじめとする雑役をすべて経験する。つまり、どのような高僧であっても、雲水時代には必ず茶に関わる技術——茶の生産や供茶の方法、飲茶の準備・給仕を経験しているということになる。

これは顕密寺院で茶の技術を持っていたのが、雑役を担当した下級僧侶、すなわち公人層であることで、雑役を下働きと見なしていたこととは、明らかに組織の構造や職掌への認識が違っていたものといえよう。

朝廷の場合

朝廷の場合には、すでに平安時代から、茶に関わる階層が決まっていた。すなわち、源高明『西宮記』三月一日条には、「同日造茶使を差《えら》ぶ事」とあり、平安京の大内裏茶園の茶摘みや製茶は、全体の監督を造茶使として蔵人所雑色が担当し、薬殿の侍医や薬殿生、校書殿執事が参加して行われていた。

さらに朝廷で春秋二回行われた法会「季御読経《きのみどきょう》」でも、大江匡房《おおえまさふさ》の故実書『江家次第《ごうけしだい》』を見ると、「紫宸殿に所雑色《ところのぞうしき》等参上し件の茶を施す」とあるように、蔵人所《くろうどどころ》の雑色が僧侶への茶の給仕を行った。

このように、朝廷の場合には、蔵人所の雑色、薬殿《くすりどの》の侍医・薬殿生、校書殿の執事といった下級官人が担当するものであり、彼らが茶に関する技術を持っていたことになる。また、南北朝期には穀倉院茶園が確認できるが、この茶園では、大炊頭や穀倉院別当に任ぜられていた下級官人の中原師茂が、初夏四月から六月ごろまで数回にわたって、弟の師守など一族とともに茶摘みをし、縁者の阿闍梨重阿や大炊允の惟宗家国が製茶を行っている。一回に製茶された茶の量は三、四斤であり、それほど大きな茶園ではなかったものと見られる（『師守記』）。ここでも下級官人が茶の生産を行っていた。

次に武家の場合である。

武家の場合

鎌倉幕府では、茶を武家儀礼に取り入れた形成がないし、幕府所有の茶園もない。

室町幕府では、殿中では、下級職員で雑役を担当する御所侍や公方同朋《どうぼう》がこれにあたった。また後述するが、室町殿の外出である御成の際には、前日までに公方同朋の御末同朋が室礼《しつらい》（飾り付け）を行い、当日は室町殿の御成前には御成先の大名家同朋や寺家同朋が用意をし、御成以後は公方同朋の会所同朋が室町殿の茶を点《た》てた。

このように、室町殿・大名家の場合でも、下級職員が茶を点てる担当となっていた。

茶の技術の一般化

以上のように、諸権門――寺家の顕密寺院・公家・武家では、茶の技術――茶の生産や供茶の準備、飲茶の準備・給仕などは、雑役を担当する下級の者が身に付けていた。

例外が禅宗寺院であり、どのような高僧でも、修行僧である雲水のときに、茶の栽培や点茶や給仕といった茶に関わる仕事を経験していた。また、茶の技術を含む雑役を下働きと見なさず修行の一部と捉えるなど、独自の宗教観に基づく認識を持っていた。この茶を点てることを下働きと見ないということが、戦国期にのちの茶道に繋がる芸能の「茶の湯」が登場したときに、その精神的バックボーンとして禅宗が選ばれた理由の一つではないかと考えている。

南北朝期以降、顕密寺院では、下級僧侶が身に付けた茶の技術をもって、門前で茶屋を営むようになった。ルイス゠フロイス『日本史』には、春日大社の神子が神楽を行うほかに、「彼女たちはまた、絶えずひきもきらずにそこへ来る巡礼者たちに茶や飲み湯を与える役目」を持っていたとある。また、北野社の社頭には「御子茶屋」があったし（『北野社家日記』明応二年三月二十四日条）、絵画史料に描かれた茶屋亭主の多くが、剃髪した僧侶の姿である。これらは、下級僧侶が担当する仕事を通じて身に付けた茶の技術をもって、門前に出て茶屋を営むようになった姿であった。彼らの営む茶屋では、庶民でも対価を払えば茶を飲むことができるようになった。

ここに門前の茶屋を通じて、茶が一般化する道筋が存在していたのである。

室町時代の茶の消費と文化

闘茶の歴史

室町時代、喫茶文化は消費・文化において、宗教儀礼と政治儀礼、そして遊芸を軸として一般化への道をたどる。本章では、その道筋をいくつか見ていく。

闘茶とは何か

まず最初に、遊芸における喫茶文化の一般化を見ていこう。

闘茶《とうちゃ》とは、茶の種類や産地を飲み比べる遊芸であり、勝負をする際には景品が賭けられる場合が多かった。中国ではすでに宋代までには流行し、日本へも鎌倉時代後期までに宋文化の一つとして伝えられていた。

これまでの茶道史では、闘茶は南北朝期に大流行したものの、室町時代には形骸化し、

「侘《わ》び茶」が一般へ浸透したため、以後、衰退したとしていた（筒井紘一「闘茶の研究」）。近年、神津朝夫氏がこの通史を批判され、「闘茶」の中でも本非茶が四種十服茶《しじゆつぷくちや》へと移行し、さらに近世になって「闘茶」は「茶カブキ」となってその後も茶道で続いたとされた（「闘茶の方法とその発展」）。しかし、茶道の中だけではなく、「闘茶」自体は現在まで続き、その間、一般化への道をたどり続けていたのである。

そもそも中世の史料上で「闘茶」と出てくる事例は思いの外少なく、茶寄合・飲茶勝負・回茶・順茶・本非茶・四種十服茶・十服茶などさまざまな名称で登場する。「茶寄合」はサロンのあり方に由来し、「飲茶勝負」は闘茶そのものの意味に由来する。「回茶」は行誉の『壒嚢鈔《あいのうしよう》』に「回と書くは円座にせしめ飲み巡す心か」とあるように、回し飲みをしたことに由来するが、「順茶」も同様の意味であろう。「本非茶」「四種十服茶」は、その遊び方に由来している。闘茶の遊び方には、このほかにも四季茶・都鄙《とひ》茶などさまざまなものが見られた。『師守記』暦応三年（一三四〇）二月二十一日条の頭注には、「今日大服茶、勝負事これあり」とあり、大服茶《おおぶくちや》と称して闘茶を行っている事例もある。ちなみに、現在の大服茶は正月三カ日に無病息災を願って飲む茶のことをいう。

また、闘茶を行うためには、さまざまな産地の茶が必要であったが、茶の用意の方法に

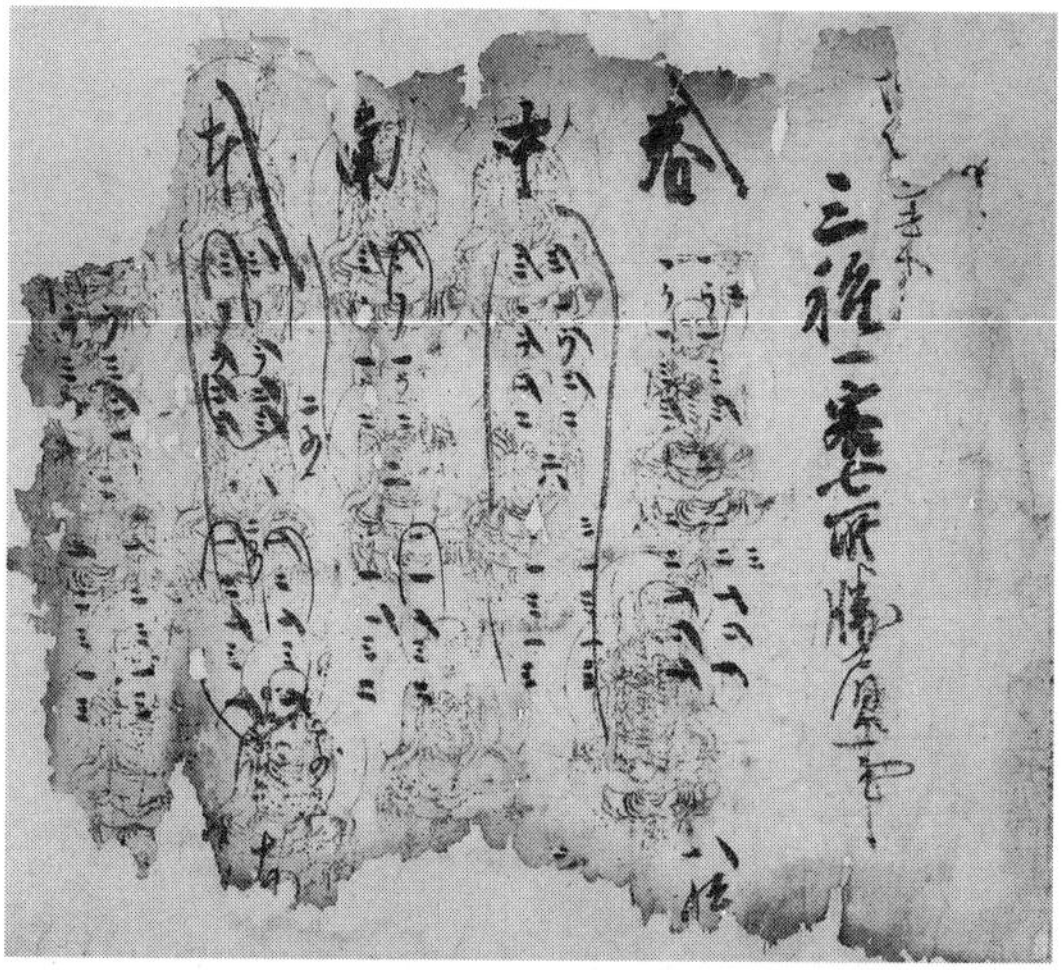

図12　四種十服茶の闘茶表「三種一客七所勝負事」（元興寺所蔵）

は二通りあり、参加者が持ち寄る場合と、主催者が用意する場合があった。

代表的な遊び方としては、本非茶と四種十服茶がある。本非茶は、本茶と非茶を十回飲んで飲み分ける。本茶は栂尾《とがのお》茶《ちゃ》であり、非茶はそれ以外のすべての産地の茶である。ただし、南北朝期の途中から宇治茶も本茶となった。四種十服茶は、四種類の茶を十回飲んで飲み分ける。まず、試し飲みをする三種類の茶を、「一」の茶、「二」の茶、「三」の茶とし、それぞれ四包ずつに分ける。その三種類から一包ずつ取り出し試飲する。次に残った三種類×三包＝九包に、試飲をしていない残りの茶を「客」として一包加える。これら合計十包を飲み分けることになる（図12）。

鎌倉時代の闘茶

これまでの茶道史では、闘茶は、南北朝期に京都で大流行したことから始まっていたが、最近の研究では、鎌倉時代後期から東国社会を中心に流行していたことが想定されている。

まず、『太平記』巻第七「千剱破城軍事《ちはやじょういくさのこと》」には、楠正成の千早城を兵糧攻めにするその間、暇つぶしの一つとして、鎌倉軍が「百服茶」を行う設定になっている。百服茶とは、一ゲーム十服で行うものを十ゲームすることである。このように文学作品で内容が設定されるということは、そのように設定しても違和感のないことを前提としている。つまり、鎌倉時代末期の鎌倉では、すでに闘茶が流行していたものと想定される。

また、「二条河原落書《にじょうがわらのらくしょ》」(『建武年間記』)に、「茶香十炷《しゅ》の寄合も、鎌倉釣《つり》に有り鹿《しか》ど、都はいとど倍増す」とあるが、これを意訳すると「十種茶・十種香の寄合も、鎌倉では鎌倉なりに流行《はや》っていたが、都では何倍も大流行している」となる。つまり、南北朝期に京都で大流行する前に、鎌倉時代後期の鎌倉で流行していたことが想定できる。

次に出土史料であるが、三上喜孝氏が東北地方の大楯遺跡(山形県遊佐町)、瑞巌寺《ずいがんじ》境内遺跡(宮城県松島町)、州崎遺跡(秋田県井川町)から闘茶札が出土していることを指摘している。そのうちの大楯遺跡は遊佐庄にあり、十三世紀の地層から「三」「四」の闘茶札が出土している。これらの遺跡は、北条氏と繋がりの深い港に近い場所にあるため、鎌倉の北条氏の文化が伝えられたものと見られるという（「東北地方の闘茶札と鎌倉」）。

以上のような事例から、鎌倉時代後期の鎌倉を中心に、すでに闘茶が流行していたことが想定される。

なお、闘茶の初出史料は『花園天皇宸記《はなぞのてんのうしんき》』正慶元年（一三三二）六月五日条で、花園上皇の近臣たちが「飲茶勝負」＝闘茶を楽しんだことが知れる。闘茶の種類は「茶の同異を知る」とあることから、本非茶ではないかと見られる。この際、懸物＝景品も出されている。この記事に先立ち、元亨四年（一三二四）十一月一日条には、「凡そ近日或人云く、資朝（日野）・俊基（日野）等、衆を結び会合し乱遊す。衣冠を着さず、殆ど裸形にして、飲茶の会これあり」とある。この後醍醐天皇の近臣たちによって行われた衣冠を着さず、ほとんど裸形で行われた「飲茶の会」は、闘茶会の可能性もある。

南北朝期の闘茶

南北朝期になると、闘茶は京都を中心に大流行する。建武三年（一三三六）十一月七日付「建武式目」には、

一、群飲佚遊《いつゆう》を制せらるべき事

格条の如くんば、厳制殊に重し。剰さえ好女の色に耽り、博奕の業に及ぶ。此の外

又或は茶寄合と号し、或は連歌会と称し、莫太な賭に及ぶ。其の費《ついえ》勝《あ》げて計《かぞ》え難き者か。

とある。これまでの茶道史では、これが、闘茶が大流行し、人々が全財産を賭けるようになったために、幕府が闘茶を禁止した史料であるとしてきた。

しかし、『建武式目』とは、武家政権の施政方針を示したものであるし、当時、京都に幕府を置きたい尊氏派と鎌倉に幕府を置きたい直義派との摩擦が高まり、尊氏が直義派のストレスのはけ口として作らせたものであった。そのため、実行性は疑問視されている。それに、条文に見る「群飲佚遊」とは、大勢ではめをはずして遊ぶことであり、風紀の乱れとなるために抑制すべきであるとしている。そこでは、あるときには茶寄合といって、またあるときには連歌会といって、その裏で莫大な賭博をしていたことが問題であって、茶寄合そのものを悪だといって禁じているわけではないのである。

事実、「建武式目」の発布後も、闘茶の流行はとどまるところを知らず、しかも京都だけはなく、地方へも広がりを見せた。それを示す事例として有名なのが、広島県福山市の草戸《くさど》千軒町《せんげんちょう》遺跡の闘茶札十二枚で、十四世紀中ごろの池跡の一カ所から出土したものである（図13）。草戸千軒町遺跡は、中世に栄えた芦田川河口の港町である。闘茶札は、闘

「五 貫 文／
拾 貫 文／
の う ち／
まつのした」

図14　木簡（原寸、同前出土、同前所蔵）

「都鄙」

「本非」

「古新」（逆書）

図13　闘茶札（原寸の50％、草土千軒町遺跡出土、広島県立歴史博物館所蔵）

茶を行うときに使用された札で、「一二」「客」「新古」「本非」「都鄙」「二」「日」などの墨書きがあった。この札を使って、自分が思うところの茶の種類を示したのであろう。また、同所からは「まつのした」という人物が五貫文を扱っていたことを示す木簡が出土している（図14）。この点から、闘茶を行っていたのは、富裕層である可能性が示されている（下津間康夫「闘茶と聞香」）。

このように、南北朝期の大流行を経て室町時代に入ると、闘茶は社交のための遊芸＝セレブな遊びに落ち着く。

室町時代の闘茶

まず、醍醐寺三宝院門跡満済《まんさい》の『満済准后日記《まんさいじゅごうにっき》』応永二十二年（一四一五）正月二十九日条には、「十種茶これあり。出世間張行《しゅっせけんちょうぎょう》す」とあるように、毎年、醍醐寺三宝院では正月二十八日前後に僧俗ともに参加しての闘茶が行われていた。また、伏見宮貞成《さだふさ》親王の『看聞御記《かんもんぎょき》』応永二十九年正月十二日条にも、「年始茶始」として闘茶が行われるなど、伏見宮家では正月の恒例行事として闘茶が行われていた。さらには、奈良興福寺大乗院門跡尋尊の『大乗院寺社雑事記《だいじょういんじしゃぞうじき》』長禄二年（一四五八）正月四日条に「茶始、例の如し」とあるように、大乗院では正月の恒例行事として闘茶が行われていた。このように、闘茶は室町時代には、京都・奈良といった中央の門跡あるいは宮家などの権門で、正月の行事として定着していたのである。

さらには、戦国期に芸能の「茶の湯」が登場してからも、公家社会では闘茶が行われていた。十六世紀前半の公家の鷲尾隆康の日記『二水記』にも、「十度飲」「御茶事一巡」「御茶会」の語が散見されるが、いずれも闘茶のことである。

安土桃山時代の闘茶

やがて闘茶は、十六世紀初頭までに登場した芸能の「茶の湯」の中に取り入れられた。天正九年（一五八一）二月十三日、堺の天王寺屋津田宗及《つだそうぎゅう》は、利休の高弟である山上宗二《やまのうえそうじ》の茶会に四人の客の一人として参加し、宇治茶師である森と上林《かんばやし》両人の抹茶「極上」を飲み比べている。宗及は、「各々違い候。宗及ばかりのみあて候なり」と、一人飲み分けたことを、いくぶん得意気に書き残している。

また、同年十一月三日に宗及は、「宮法」＝宮内卿法印＝堺の政所松井友閑《まついゆうかん》の茶会に参加した。友閑は池田恒興へ送った茶壺に詰めた茶と同じものである宇治茶師の森と上林の茶を出し、それを「銘打ち」＝茶を飲み分ける闘茶を行った。宗及はこれを飲み当てたのである。

この時代の芸能の「茶の湯」では、すべて宇治茶を使っていたため、闘茶を行う際には、産地の違いではなく、宇治茶のトップ茶師である森と上林の茶を飲み分けるという、きわめて高度なことが行われていたのである。

さらには、博多の豪商にして茶人の神屋宗湛《かみやそうたん》の『宗湛日記　見聞書』天正十五年十月十二日条によると、亭主の細川幽斎が「カブキ茶」と称し、上林の極上と森の極上を出し、利休以下がこれを飲みまわした。しかし、初めの茶が森の極上で、あとの茶が上林の極上であったが、宗湛は言い間違えてしまい、その場は大笑いとなったという。のちに闘茶は「茶カブキ」ともいわれるようになるが、その初期の段階を示すものであろう。

ちなみに、「カブキ・ク・イタ（傾き・く・いた）」とは、『日葡辞書』に「物の目方を計る場合に、どちら側に天秤が傾くかよく見る。また、比喩、茶を飲んでみて、それがどんな質のものかを鑑定し、判断する」とある。つまり一六〇〇年ごろまでには、「カブキ」は闘茶を意味するようになったのである。

江戸時代の闘茶

織豊期に芸能の「茶の湯」に取り入れられた闘茶は、十八世紀中ごろに成立した茶道の七事式の一つに「茶カブキ」として選ばれた。七事式とは、寛保年間（一七四一―四四）ごろ、大徳寺大仙院で茶道の修練のために制定された七つの方式で、花月・且座・茶カブキ・員茶《かず》・廻り炭・廻り花・一二三《いちにさん》をいう（表千家蔵『茶道七事式』）。現在でも茶道の七事式の茶カブキは濃茶で行われ、客四人が最初に試みの茶を二種（上林・竹田）飲み、続いて本茶と称する三種の茶を飲み判断する。本茶の三種は、試み茶二種（上林・竹田）と別の濃茶（客）が用意される。この一式を一回行うことを一席という。

このように、闘茶は茶道の中に定着化するとともに、一方では地方へ、そして庶民層へと広がりを見せた。

江戸時代の近江国菅浦《すがうら》西村では、正月に闘茶を行っていた。享保五年（一七二〇）正月五日には、村の会合始めとして、午後六時ごろに湯風呂が作られ、村内の複数の寺社から送られた抹茶を使っての「十種茶」＝闘茶が行われていた（『日鑑』）。

また、国指定重要無形民俗文化財に指定されている群馬県吾妻郡中条町白久保《しろくぼ》の「お茶講」は、現在は二月二十四日夜に行われる天神マチ（天神講のお日待ち）の行事で、四種七服で行われる。白久保の氏神が天満宮であるため、客茶は「天神さんのお茶」といって天神画像に献じられ、ほかの茶も盆に載せられて天神像の前に供えられる。茶は、チンピ・甘茶・渋茶の配合で種類を作る。そして、勝負の成績によって菓子が分配される。これも江戸時代にさかのぼれば、正月の行事であった。すなわち、寛政十一年（一七九九）

正月二十四日付『御茶香覚帳』によると、同じ天神講のお日待ちの行事でも正月に行われており、四種十服であった。

このほか、村で闘茶が行われた事例は、群馬県、埼玉県でも報告されている。

このようにして、闘茶は、江戸時代には庶民が参加して村でも行われるようになった。これらは、闘茶の一般化を示していよう。

近代以降の闘茶

その後も闘茶は行われており、明治以降になると煎茶や玉露を使っても行われるようになった。京都御苑内にある白雲神社の絵馬堂にある明治三十年（一八九七）五月吉日付の扁額には「闘茶・五種五煎」とあり、この闘茶会は煎茶もしくは玉露で行われたものであった（図15）。同所にはもう一点、昭和六年（一九三一）四月吉日付の扁額に「闘茶・七煎法」とあり、京都下鴨の中華料理屋の蕪庵で、煎茶もしくは玉露で行われたときのものである（図16）。京都府綴喜郡宇治田原町郷之口田中でも昭和時代までは闘茶講があり、宇治市莵道《とどう》でも平成時代まで行われていたお日待ちの闘茶講があった。

今でも茶の産地では、地区ごとに茶業者の技能向上のため茶歌舞伎（茶香服）が行われているし、全国大会も行われている。その場合使用される札も地区ごとに異なる。さらには、個人の愛好者もいるし、地域振興、地域教育などの目的で、あるいは各種イベントで

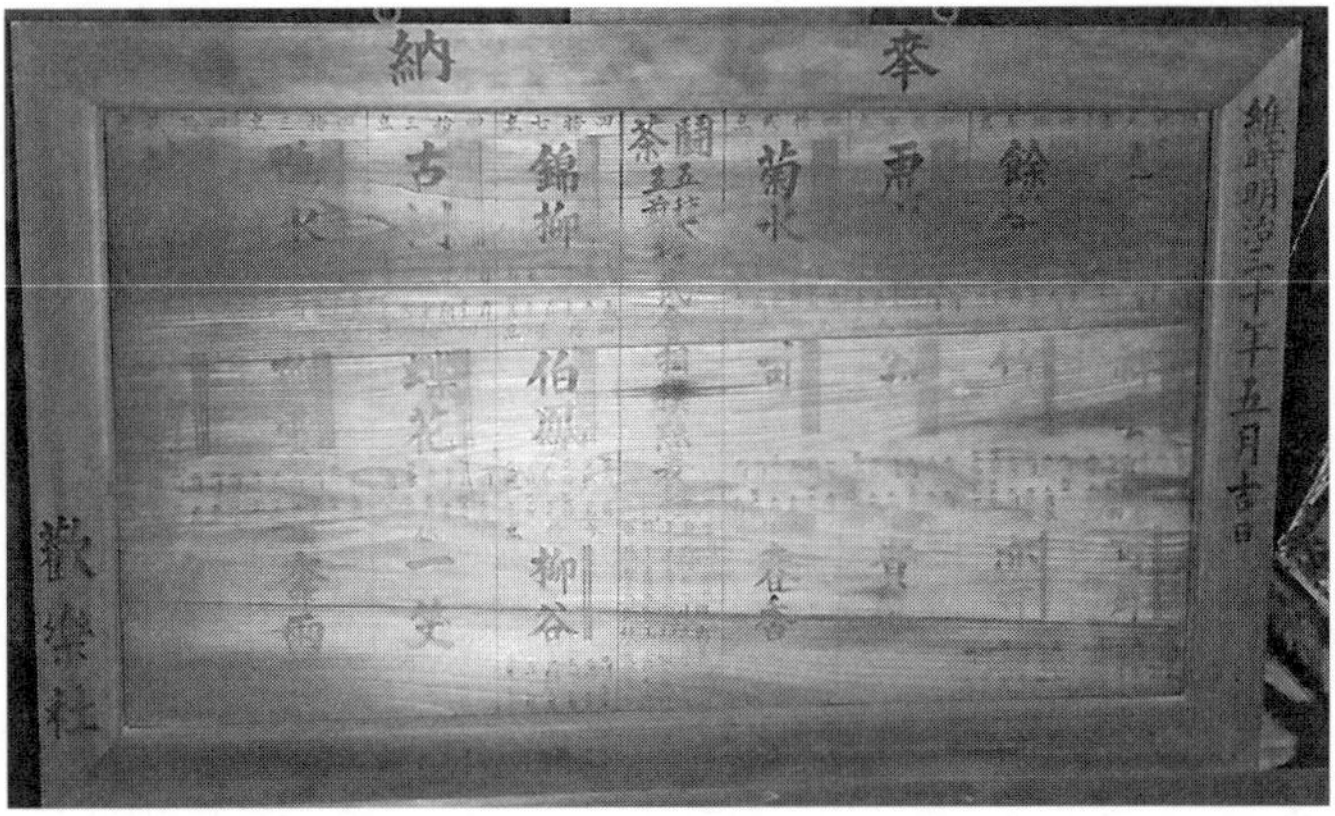

図15　明治30年５月吉日付扁額（白雲神社所蔵）

図16　昭和６年４月吉日付扁額（同上所蔵）

も行われている。

以上のように、鎌倉時代後期までに日本に伝来された闘茶は、南北朝期に大流行したのち、室町時代に廃《すた》れることなく、江戸時代までには一般化し、今なお日本の喫茶文化を代表する遊芸として広く定着しているのである。

茶湯と葬祭儀礼

次に、宗教儀礼のうち葬祭儀礼における喫茶文化の一般化の道筋を見ていこう。

これまでの「茶湯」の定義

昭和時代までは、通夜や葬式に行けば、粗供養として煎茶をもらうことが多かった。九州地方など、婚礼の祝儀に茶を使う地方もあるが、筆者が育った関東地方や、その後に移り住んだ関西地方では、茶といえば不祝儀のイメージが強かった。

葬祭儀礼に供えられる茶は、「茶湯」と書いて「ちゃとう」と読む。そこで『日本国語大辞典』「茶湯《ちゃとう》」の項を見ると、

① 茶と湯。また、抹茶に熱湯を注いでかき混ぜたもの。かわきを癒す以外に、医薬品

としても服用された。また僧侶の間では、居眠り防止の効果が重視された。さとう。
②（—する）茶を仏前や霊前に供えること。また、その煎茶・おちゃとう。さとう。
とある。確かに葬儀の供物としての意味もあるが、その他、のどの渇きをいやす、医薬品、居眠り防止など多様な用途が示されている。同様に中世の史料を見ると、葬儀の供物の意味に限られるものではなかった。

そこで時代ごとに「茶湯」の意味の変化を追うことによって、なぜ茶といえば不祝儀のイメージが強まっていったのか、その経緯を見ていこう。

平安時代から中世の「茶湯」

弘仁五年（八一四）に空海が著した「僧空海奉献表」（『遍照発揮性霊集四』）には「窟観《くつかん》の余暇、時に印度の文を学ぶ、茶湯し坐し来れば、乍《たちま》ち震旦の書を閲す」とあり、修行の合間にサンスクリットを学び、「茶湯」を飲むとある。この場合の「茶湯」は、茶であろう。

時代は下がり、鎌倉時代の元徳四年（一三三二）二月十五日付「日興化儀《けぎ》三十七条案」（『日向中原文書』）には、「日蓮宗の仏事などの行事をも、日本の風俗ですべきである。茶湯は中国の儀礼である。だからたとえ用いることがあっても、お供えに用いる程度である。日本の風俗は酒をもっていっさいの志をあらわすべきなので、仏法の志をも、酒をもってあらわすべきだという」とある。日興（寛元四年―元弘三年〈一二四六―一三三三〉）は、日蓮の弟子である。この時期、すでに茶が日本の寺院社会に定着しているにもかかわらず、「原則論」を述べていることになるが、日本の中世のもてなしの中で、飲料の一番は酒であり、茶ではないことを示している。

また、南北朝期『遊学往来』には、「僧侶招請の時、茶湯の法あるべし。先ず湯、次いで茶なり」とあり、俗人のところに僧侶が来たときのもてなし作法は、先に湯を出し、次に茶を出す順番であった。

ところが、八、九世紀の中国の唐でのもてなしの作法はこれとは逆の順番で、まず茶を出し次に湯を出した。日本に受け入れる際に、意図的に逆にしたのであろうか。これに限らず、たとえば茶道の作法で、唐物《からもの》（中国製品）と和物（日本製品）との扱いが逆になるなど、意図的に手順を変えているのではないかと思われる節がある。

話を戻して、中国では唐代までには庶民層までに客人が来たら茶でもてなす作法が一般化していた。しかし、日本では客人が来たら茶でもてなす作法が一般化されたのが十六世紀前半であり、中国とは八百年近くのタイムラグがあることになる。

そして、ここまで見る限りでは、茶湯には葬式のイメージがまるでないのである。

ところが、中世以降、特に南北朝期以降の仏教界の葬式仏教化によって、茶湯の持つイメージが徐々に葬祭儀礼へと固定化されていく。

仏教界の葬式仏教化

そもそも古代の寺院の最大の機能は、鎮護国家、つまり国家の災いを鎮め安泰にすることで、また、そのために法華経、仁王般若経、金光明最勝王経などの護国経典を読誦し、あるいは息災増益などの修法を行うことが中心であった。そこに基本的には葬式の機能はなかった。しかし天皇家の葬儀などを徐々に請け負うようになる。

中世の院政期になると、貴族の間では密教が大流行し、個人信仰が流行する。そして、鎌倉時代になると宋から禅衆式葬式が伝わった。この葬式は火葬で、また、葬祭から火葬、埋葬まで一貫して行われることが特徴であった。そのためほかの宗派でも、やがてこれを取り入れることになり、今日に至るまでの仏教式の葬式の基礎となった。

そして、南北朝期以降、仏教界では葬式仏教化が進み、公家や武家などの大檀越を失った各宗派は、葬祭儀礼を中核に、地方武家層を信者として取り込むことに成功した。その地方武家層は、地域に菩提寺を建立した。さらに戦国期には、その地方武家層が建立した菩提寺で庶民層を受け入れるようになる。このようにして中世後期には、葬式仏教化の進展により葬祭儀礼が一般化した。

その葬祭儀礼とは、死ぬ前に行う「逆修《ぎやくしゅ》」、死んだときに行う「葬式」、死んだ後に行う「追善」がある。「逆修」としては、葬式の予行練習や写経、供養塔を建てるなどを行う。「追善」としては、年忌法要、仏事、写経などを行う。「逆修」と「追善」はその性格上、いっしょに行われることが多い。そして、これらの葬祭儀礼の中で、茶が使われていたのである。

つまり、仏教界の葬式仏教化に伴い葬祭儀礼が一般化されると、葬祭儀礼の中で行われた喫茶文化もまた、一般化され庶民層にまで伝わった。ここにも喫茶文化の一般化の道筋が存在していたのである。

葬祭儀礼の中の茶

それでは、各葬祭儀礼の中で、茶がどのように使われていたのかを見ていこう。

まず葬式の中で、出家の葬法としてもっとも正式なものは「九仏事」である。儀礼は、「龕《がん》堂」と火葬場にあたる「火屋」で行われる。「龕」とは棺のことである。龕堂では、入龕、移龕、鎖龕、掛真《けしん》（御影）、対霊小参、起龕（火葬場に移す）が、「火屋」では奠《てん》茶、奠湯、秉炬《ひんこ》（火をつける）、龕棺が行われる。在家の葬法も同様で、秉炬の代わりに下火《あこ》が行われる。

大永六年（一五一六）「今川氏親葬儀記」（『増善寺文書』）を見ると、本堂の仏前に

「龕」が置かれ、その前の台の中央に位牌が置かれ、花瓶・燭台を両側に香炉を手前にと三具足《みつぐそく》を配し、さらに台の前方に掛真箱・霊供・鎖盆を挟み、向かって右に茶（奠茶）を左に湯（奠湯）を配す。そして、右側の前列、都司・侍香の後ろに「奠茶」、二列目監寺《かんす》・喪主・侍湯の後ろに「奠湯」担当の僧が並ぶ。「火屋」でも、北側の二つの台の上、手前の台のほうに三具足とともに右に湯が左に茶が置かれる。そして、今度は向かって左の最前列首座のあとに「奠湯」、第二列書記のあとに「奠茶」担当の僧が並ぶ。このように葬式の際には茶が供えられたのである。

次に追善である。南北朝期以降、大名家、あるいは地方武家層の菩提寺には、「茶湯料」名目の、追善の費用を生み出す土地やなにがしかの権利などが寄付された。おそらく、「茶湯」が供えられることが追善法要の象徴であったために、この語に追善の意味を持たせたものと見られる。

そして、戦国期になると村でも追善が行われた例を見る。戦国期の終わりごろに描かれた「山城国市原野附近絵図」には、畠の畦の部分に「茶園あり」「懺法講茶園あり」と書かれている。また、村を縦断する鞍馬街道沿いには、「十王堂」が描かれている（図17）。十王堂とは地獄の亡者の審判を行う十尊である十王を安置する堂であり、ここでは村の葬

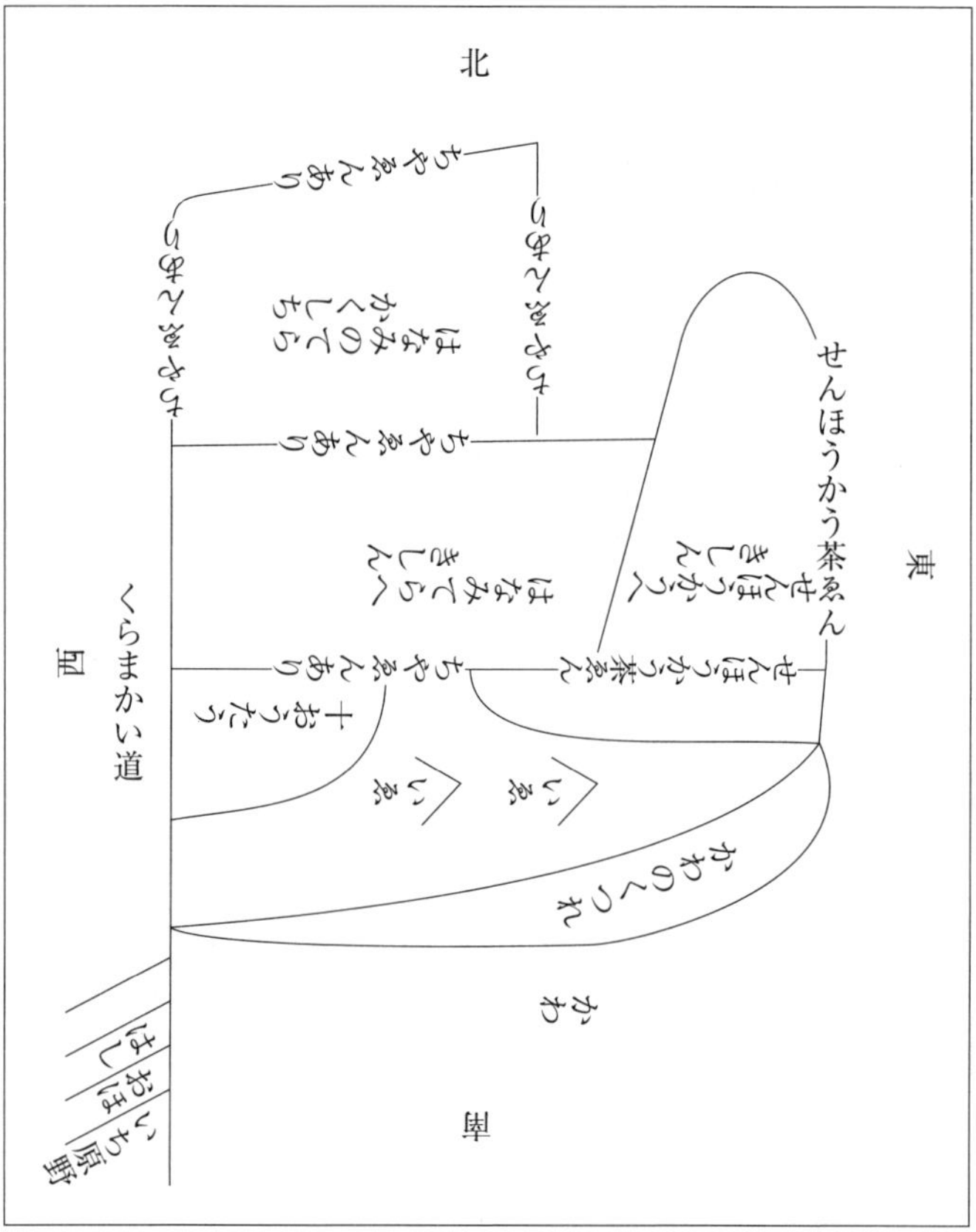

図17　「山城国市原野附近絵図」(『壬生家文書』) 模式図

祭儀礼が行われていた。その一つが「懺法講《せんぼうこう》」であった。懺法講とは法華経（如法経）などの経典を読み罪過を懺悔するもので、法華懺法講ともいい、逆修と追善を兼ねたものであった。その懺法講の茶園があったということは、懺法講で茶が供えられる、あるいは参加者に茶がふるまわれていたことが想定できよう。

さらには、戦国期の近江国今堀の宗教施設の庵室は、天台宗如法経道場ともなっており、村の共所物として、茶壺・鑵子《かんす》・茶桶・茶臼などの茶を点《た》てるための道具とともに、焙炉《ほいろ》などの製茶道具があった（「庵室資財雑具渡日記」『今堀日吉神社文書』三一五）。このことから、今堀では茶の栽培や製茶を行い、これを庵室で執り行われる葬祭儀礼を中心とした仏教行事で茶を供える、あるいは参加者に茶をふるまっていたことが想定できよう。

このように、「茶湯」とは寺院社会における茶と湯全般の事を意味していたが、南北朝期以降の仏教界の葬式仏教化の中で、茶湯が供物や参加者へのふるまいに使われたため、次第に茶湯―葬祭儀礼―不祝儀のイメージが強くなっていったものと見られる。葬祭儀礼で茶湯を供えることは、江戸時代以降、浄土真宗以外の宗派の家庭の仏壇に茶湯器を供えることにも繋がっている。現代の茶家でも、利休忌や歴代家元の忌日には、床の間にその画像を掲げ茶湯が供えられている。

もてなしの茶

最後に、政治儀礼における喫茶文化の一般化の道筋を見ていこう。

「茶の湯」とは

ふつう「茶の湯」と聞けば、一定の作法に則り、亭主が茶を点《た》て客をもてなす「茶道」を思い浮かべることであろう。ところが、研究を進めるうちに、のちの茶道に繋がる芸能の「茶の湯」に置き換えては意味が通らない「茶の湯」があることに気が付いた。そこで、『日本国語大辞典』「茶の湯」を見ると、

① 人を招いて抹茶をたててもてなすこと。またその作法や会合。茶道。

② 茶をたてるために沸かす湯。

③　湯を沸かして茶の用意をする部屋。

とある。さらに研究を進めると、そのほかに、

④　湯を沸かす湯（茶）釜。もしくは、湯釜を中心とする茶道具。

⑤　茶を飲むこと。

もあることがわかった。ここでは、この五つの意味がどのような順番で登場したのか、いつから芸能の「茶の湯」の用例が見られるようになったのかを見ておこう。

「茶の湯」の初見史料は、『太平記』巻第三十九「諸大名讒《どうちようざんする》道　朝　事付道誉大原野《おおはらの》　花《はなの》会　事《かいの》」で、「竹筧《ちくかん》に甘泉を分て、石鼎《せきてい》に茶の湯を立て置きたり」とある。これは②の「茶をたてるために沸かす湯」の意味である。これが「茶の湯」の本来の意味であった。

『大乗院寺社雑事記《だいじょういんじしゃぞうじき》』長禄四年（一四六〇）十一月二十五日条に見える、春日大社若宮祭・田楽見物在所でのもてなしの場面で、御前用（門跡用）に東九間を屏風で区切って一カ所、惣（相伴衆）のために庇北に一カ所、「茶湯」が用意された。この「茶湯」は、④の「湯を沸かす湯釜、もしくは、湯釜を中心とする茶道具」のことである。同様の用例は、多くの室町時代の「武家故実書」や「御成記《おなりき》」に見られる。

十五世紀後半成立の古辞書である『文明本節用集《せつようしゅう》』では「茶湯」を立項し、「チャノ

ユ」と「サタウ」の読みが施され、割注《わりちゅう》に「湯の字、訓の人倫飲む義、音の時仏供なり」とある。つまり訓読みの場合には、⑤の「茶を飲むこと」であるものの、芸能の「茶の湯」の意味を示しているとまではいえない。

十六世紀成立の御伽草子『およふのあま』には、「蓋の割れたる土鑵子、ましは（まず）、おりくべ茶の湯をし、継ぎたる茶碗押し洗い、竹寸切りに茶葉《ちゃば》を入れ、淵の欠けたる古折敷きに拾い据え、今や今やと待ち給う」「去るほどに夜も更けければ、盃を納め給い、茶の湯のもとへ立ち寄り、ひらさき茶を点てて、二、三服進らせ給い」とあり、これも④の「湯を沸かす湯釜」を指している。このほか天文五年（一五三六）の『仙傳抄《せんでんしょう》』や『君台観左右帳記《くんだいかんそうちょうき》』には茶道具一式を示す用例がある。このように、時代を経るほどに「茶の湯」には、随時新しい意味が加わるが、本来の意味も残り続ける。

そして、『日葡辞書』の「茶の湯」には、

ⓐ　茶をたてるための湯を沸かして、それを飲む支度をする所。

ⓑ　本来は茶を飲むのに使う湯の意。

とある。この時期、すでに芸能の「茶の湯」が登場しているが、「茶の湯」の項にはその意味がなく、「数寄・好き」の項に「心を傾け好むこと。また茶の湯の道、またその修行」「数寄をする。茶の湯の道に没頭する」とその意味がある。

このように「茶の湯」は、②の「茶をたてるために沸かす湯」から始まり、④の「湯を沸かす湯（茶）釜。もしくは、湯釜を中心とする茶道具」、⑤の「茶を飲むこと」、①の「人を招いて抹茶をたててもてなすこと。またその作法や会合。茶道」の順にその意味を加えていったのである。

つまり、芸能の「茶の湯」が登場する以前には、「茶の湯」が本来の「茶を飲むための湯」であると認識された状況で行われていた、この時代独自の喫茶文化があったということになろう。

鎌倉時代の武家儀礼と茶

鎌倉時代の公式な武家儀礼の中に、茶の姿はない。ただし、個人的なレベルでは、茶が武家社会に浸透し始めていた。

金沢貞顕は、元徳二年（一三三〇）三月上旬の鎌倉将軍家の御所の旬雑掌を務めることになっていた。旬雑掌は、御所の儀礼に関する用意を行うことが仕事であるが、将軍守邦親王の個人的な嗜好に合わせて茶を用意するなどの気配りをしている様子がうかがえる（『金沢文庫文書』四一七号）。

室町時代になると、寺院社会だけではなく武家社会でも、もてなし＝「饗応」と「接客」に茶が取り入れられるようになる。それでは、茶でもてなす五つの作法を見ていこう。

椅子に座る客人・貴人の目の前で茶を点てる作法

第一に、曲彔《きょろく》＝椅子に座る貴人の目の前で茶を点てる作法である。南北朝期の玄恵『喫茶往来《きつさおうらい》』では、会所での初三献や食事のあと、喫茶の亭で茶会を行う設定になっている。茶会では椅子に座る客人の目の前で茶を点てる。まず、あらかじめ茶が入れられた建盞《けんさん》を給仕し、次に左手に湯瓶と右手に茶筅を持ち、各人の目の前で立ったまま湯を注ぎ茶筅を振って点てる。

明使接見儀礼に見られる茶礼

次に見るのは、同様に椅子式の作法である。永享六年（一四三四）六月五日に足利義教が明使節雷春らを迎えた接見儀礼で、この際に曲彔＝椅子に座っての茶礼があった。明使接見儀礼での茶礼は、足利義満の応永九年（一四〇二）のときに行われた先例があり、今回はそれを正蔵主が助言したために行われたという。しかし、応永九年の折に参加していたはずの醍醐寺三宝院満済《まんさい》は、茶礼があったかどうかはっきり覚えていなかったという。しかも、今回中国側の内官は建盞を取り違えて扱ったが、それを聞いた満済は「中国の儀礼だろうか」と記すぐらい、正式な茶礼の方法を知らなかったものと見られる（『満済准后日記』）。

橋本雄氏によると、応永九年の北山第における足利義満の明使接見儀礼は、明側が規定した儀礼体系を大きく逸脱したもので、室町殿を満足させるような日本独自の儀礼作法であったという。すると、永享六年の明使接見儀礼も、同様に日本独自の儀礼作法であったものと見られる（「室町日本の外交と国家―足利義満の場の冊封と《中華幻想》をめぐって」）。

さて、この茶礼の作法の詳細については、史料には何も書かれていない。ただ、足利義教と明使が高机を囲むようにして座っていたことを考えると、別室で点てた茶を給仕したものではないかと見られる。

畳に座る貴人の目の前で茶を点てる作法

第三に、畳に座る貴人の目の前で点てる作法である。

これは大永八年（一五二八）『宗五大艸紙《そうごおおぞうし》』「出家方作善の事」として、「主客の長老に、茶入りの建盞の上に菓子入りの縁高《ふちだか》を載せて給仕し、惣（相伴衆）には菓子は縁高に入れ菓子台に載せて出し、茶は盆の上に茶入りの天目を人数分載せて出し、銘々に取ってもらう。そのあと湯瓶の口に茶筅を挿したものを持って出て、立ったまま湯を注ぎ茶筅を振って茶を点てる」とある。

この作法は、現在も四月二十日に建仁寺の降誕会《ごうたんえ》（栄西の誕生日）で行われる「四頭茶《よつがしら》礼」に酷似している。茶道史では、「四頭茶礼」といえば、南北朝期の『喫茶往来』に見られる作法がその類例として紹介されてきた。しかし、『喫茶往来』の方が、俗人が行う闘茶での設定で、曲彔＝椅子に座る作法であることに対して、『宗五大艸紙』の方が、寺家の仏事の設定で、畳に座る作法であり、内容的により近い。

また、この茶の作法は、現在では建仁寺、東福寺、建長寺、円覚寺などの禅宗寺院で見られるため、禅宗特有の茶礼であるとされてきた。しかし、『宗五大艸紙』では「出家方」とあって禅宗寺院に限定していない。さらに禅宗寺院だけではなく、鎌倉時代後期の泉涌寺《せんにゅうじ》派の寺院でも同様の茶礼が行われていたことが明らかになった。鎌倉時代の寺院社会では、渡来僧や入宋僧などによって伝えられたこの作法を、南宋の文化の一つとして受容していたと見るべきであろう（千島麻美「十三・十四世紀東国寺院社会における喫茶文化―法会を中心に―」〈京都造形芸術大学大学院修士論文〉）。

茶を別室で点て貴人に出す作法

第四に、茶を別室で点て貴人に出す作法である。室町時代前期の武家故実書である『今川大双紙《いまがわおおぞうし》』や伊勢貞頼『宗五大艸紙』には、茶の給仕の作法についての記載はあるが、別室で茶を点てる作法については書かれていない。故実書では、茶を給仕する役の方が茶を点てる役よりも、直接貴人に接するために身分や家格が上のものが行うため、茶を給仕する作法の方

図18　別室で茶を点てる僧侶（『清水寺縁起』より、
東京国立博物館所蔵、Image: TNM Image Archives）

が重視され、それだけが書き記されたのである。

このような中で、寺院での事例であるが、別棟で茶を点てる様子が描かれた絵画史料がある。永正十四年（一五一七）成立の『清水寺縁起』（東京国立博物館蔵）は、ストーリーとしては平安時代に設定されたものであるが、そこに描かれた風俗は絵巻が成立した戦国期のものである。そのため清水寺開山延鎮ら僧侶たちが大般若経を写経する場面には、別棟において僧侶たちにふるまう茶を点てる様子が描かれているが、これは戦国期の顕密《けんみつ》寺院で大勢の貴人に対して一度に茶を点てる様子を描いたものと見なすことができる（図18）。別棟の板敷の空間で、身分が高くはないであろう僧侶が、湯釜・風炉、水指に相当する水をたたえた唐銅の鉢、大きめで平らな水翻《みずこぼし》（建水）の前に座り、喝食《かっしき》の方に首だけ向いて指示をしながら、左手に堆朱《ついしゅ》の台に載った建盞と思しき碗を持ち、右手で茶筅を振っている。喝食は二人いて、それぞれ長盆と丸盆を持ち、その上に堆朱の台に載った碗を乗せる。長盆上の碗中に液体が描かれていることから、丸盆上の碗にはあらかじめ抹茶が入れられ、それに僧侶が湯を入れて茶筅で攪拌し、点て終わった碗を長盆上に載せる段取りになっているものと想定できる。このような作法は、寺家だけではなく、武家でも行われていたものと見られる。一人の貴人に対して一碗を給仕するという作法も、これに準じるものであったものと見られる。

茶を同室で点て貴人に出す作法

第五に、茶を同室で点て貴人に出す作法である。

永享二年（一四三〇）十二月十九日に、足利義教の伏見御所御成があった。御成先の伏見御所の西向四間には、屏風二双を立て「茶の湯を立て」とあるように釜に湯を沸かし茶の用意をし、ここを義教の「御休所」とした（『看《かん》聞御記《もんぎょき》』同日条）。この室町殿用の「御休所」には、義教の座所と茶湯棚が室礼《しつらい》されていた。おそらく両者の間は屏風で仕切られ、直接見えないようになっていたものと見られる。本来ならば第四の作法のように、二部屋を使い別室から茶を給仕すべきところ、迎える側の住宅事情により二部屋を確保できず、一つの部屋を仕切って使われたものと見られる。その意味では第四の作法の応用ともいえよう。

そして、この第五の作法＝室町殿御成の「御休所」での貴人と茶を点てる者の同座というスタイルは、のちの芸能の「茶の湯」の「主客同座」の原型となったのではないかと考えている。

『君台観左右帳記』の茶湯

研究史に見る御成の茶の位置づけ

茶道史では、室町殿の茶といえば、唐物《からもの》などの舶来品を並べ、豪華な茶会を行ったとする「殿中茶湯《ちゃのゆ》」や「会所茶湯」が知られる。ところが、筆者が当該史料を検討したところ、そのような茶会はなかったという結論に達した。ではなぜこれまで、殿中などで豪華な茶会が催されたと考えられてきたのであろうか。また、室町殿の座所に飾られた茶道具は、何のためにあったのだろうか。室町殿御成での茶の使用方法を検討し、この点に迫ってみたい。

御成《おなり》とは、室町殿が臣下の屋敷や寺院に赴くことで、御成先では、饗応を受ける、品物の贈答を行う、能などの芸能を見るなどのもてなしを受ける。それでは、茶は御成の中の、どのプログラムで、どのようにして飲まれたのであろうか。

まず、『宗五大艸紙《そうごおおぞうし》』に記された御成の饗応のプログラムを抜き出してみる。

御成には、式正御成《しきしょうのおなり》と常御成《つねのおなり》がある。式正御成は、「公卿間」と「主殿」の二つの空間で行われる。まず、「公卿間」では「式三献《しきさんこん》」が行われる。「式三献」は三々九度の原型といわれている。次に「主殿」に場所を移して、「三献の酒肴」「供御《くご》」「湯漬け」「御菓子」「御休息」「四献から十献の酒肴」が行われる。なお、「常御成」は式三献が省略されるもので、あとは同じである。ただし、「御休息」を入れるかどうか、どこで入れるかは、その御成ごとに異なる。また、酒肴の献数も御成ごとに異なる。

このように見ると、御成のプログラムには、茶会や茶事といった文字は見あたらない。つまり御成では公式に茶会が行われることはなかったのである。しかし、次に見るように、公式ではなければ茶を飲むことがあった。

「茶湯棚」が置かれた場所

これまで「殿中茶湯」「会所茶湯」という華やかな茶会を行ったことを示す史料として頻繁に取り上げられたのが、『君台観左右帳記《くんだいかんそうちょうき》』の「茶湯棚図」である（図19・20）。

『君台観左右帳記』とは、室町殿の座所の室礼《しつらい》を記した「武家故実書」である。室町殿

図19　茶湯棚図（『君台観左右帳記』より、東北大学附属図書館所蔵）

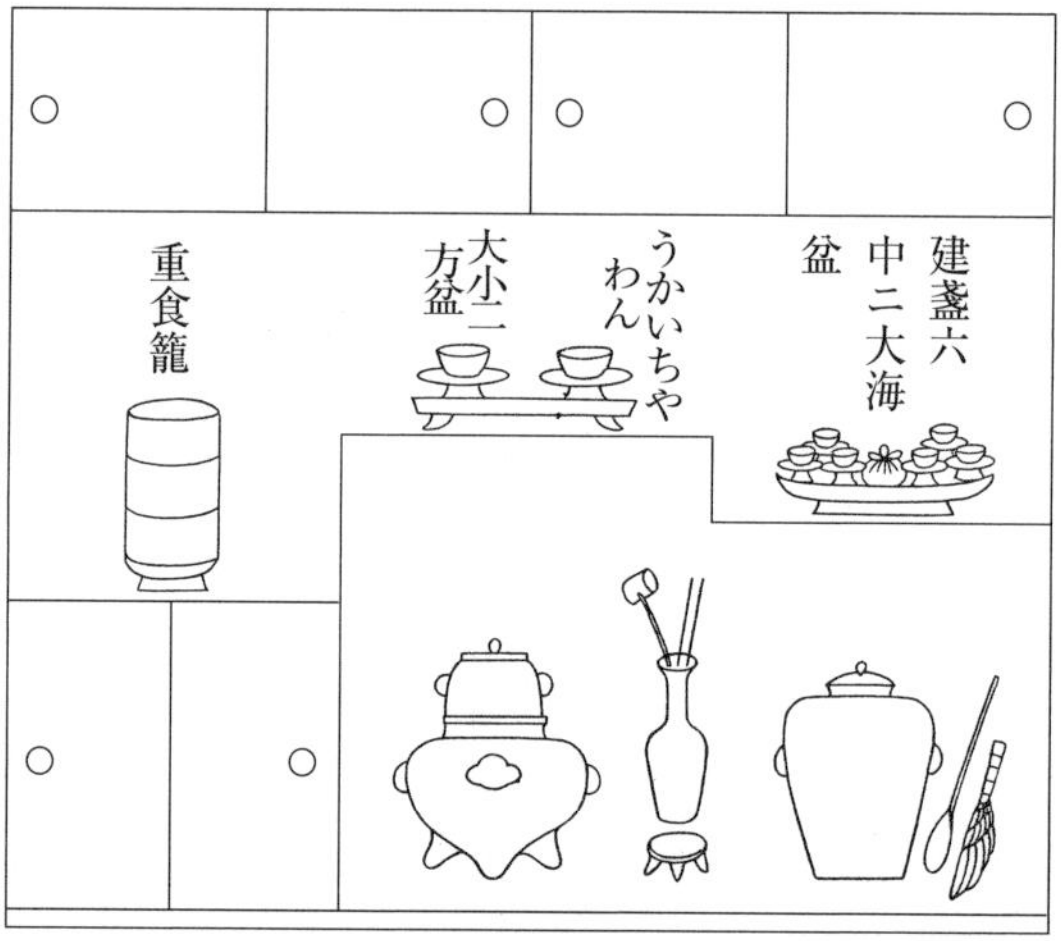

図20　同模式図（『茶道古典全集』第２巻をもとに作成）

の座所であるから、室町殿（殿中）だけではなく御成先もその対象となる。『君台観左右帳記』には数種の異本や別本が伝わるものの、原本は存在していない。作者には能阿弥と相阿弥が見られ、相阿弥の代表的なものが東北大学狩野文庫本である。その中には「茶湯棚図」があり、「御茶湯」に始まり、以下「茶湯棚図」に描かれた茶道具を説明する。つまりこの「御茶湯」とは、湯を沸かす茶釜や風炉《ふろ》を中心とした茶道具一式のことを指す。そこに書き上げられている茶道具は、水指《みずさし》・風炉・火攪《ひかき》、箒《はぼき》・水翻《みずこぼし》（建水）・瓢《ひさご》立て・蓋置である。しかし、水翻は棚の中には置かれず畳の上に置かれるため、ここには描かれていない。

では、この「茶湯棚」は、殿中あるいは御成先の、どこに設置されたものであろうか。その点について明確に述べている史料がある。それが、永正十六年（一五一九）『君台観左右帳記』芸大１本である（矢野環『君台観左右帳記の総合研究』）。その中の「茶湯棚図」第一条には、茶湯棚飾りには、違棚に飾る場合と台子に飾る場合があったとある。そして、一カ所は表向きの場所に飾り、それとは別に実用のためもう一カ所に用意をした方が良いとある。つまり、この時点で二カ所に用意がされていることになる。

しかし、それだけではなく、もう一カ所に用意がされていた。第二条を読んでみよう。「大名を招くときも、通（表向き）の茶の湯のほかに、上の御茶の湯を別に用意した方が良い。いかにも表向きで給仕をしないような場所に用意をする方が良い。だから、御休息所にも用意をするのがふさわしい」とあり、第一条で示した通（表向き）の茶の湯のほかに、大名の御成がある場合には、大名用の上の御茶の湯を用意した。それは「いかにも表向きで給仕をしないような場所」、つまり奥向きに用意されるもので、御休息所（御休所）に用意されるのがふさわしいとされていた。

第三条には、「公方様（室町殿）が大名邸へ御成を行うときも、変わることはあってはいけない。殿中をまね、晴れに飾るようにしなくてはいけないので、いっそう変わってはいけない。このときも将軍家が飲む御茶の湯は、すぐに室町殿に対して用意ができないといけない」とあり、室町殿の御成のときも、大名の場合と同様であるとしている。

そして、そこに用意されたものは、茶の湯の道具だけではなかった。第四条には「楾《はんぞう》盥《たらい》、手拭いの台、料紙を一、二束置いて、その上に文沈を置く方が良い。奈良のやわやわ紙が上類である。その外にはとりたてて表向きに置かれる物はない」とあり、これらはいわゆる洗面具であった。

「武家故実書」「御成記」に見る喫茶

それでは、室町時代の「武家故実書」や「御成記」から、御成のプログラム中、どのような場面で茶を飲むことがあったのかを見てみよう。

まず、「御菓子」のときに茶が出されることがあった。御菓子とは、いまの菓子＝甘味を中心とした嗜好品とは内容が違い、果物や点心・茶の子などの軽食のことで、一つの膳に七種並べる。大館常興の『諸大名衆御成被申入記』に、「御菓子のときに茶を飲むことは、室町殿も相伴衆もない。ただし将軍家が飲みたいとお命じにならば、御供衆が茶を運ぶ」とある。つまり、室町殿が望めば、イレギュラーで茶が出されることがあったということになる。

次に、「御休息」のときに茶が出されることがあった。御休息では、室町殿は主会場を出て、奥に設けられた御休息所で休息をとる。同時に列席していた相伴衆も控室に退き、休息をとる。

御休息所については、『看聞御記《かんもんぎょき》』永享二年（一四三〇）十二月十九日条に、足利義教の伏見宮邸御成の際に、「西向四間に屏風二双を立て、茶湯を立て、室町殿御休所となす」とあり、同室に「茶湯所」と「室町殿御休所」（御休息所）が設定された。

さらには、永禄四年（一五六一）の足利義輝の三好義長邸御成の際には、十献と十一献の間に「御休息これ有り」とある（『永禄四年三好亭御成記』）。茶湯が設定された場所であるが、まず一カ所目が「次の三畳敷」であり、『三好筑前守義長朝臣亭江御成之記』（図

21・22）を見ると、「御茶碗、同台上のを申し出す。御茶壺に入る、茶杓、御茶筅、御茶巾、御盆、水指、水翻、杓立、火箸、かくれが、御棚に打ち置くなり。雑巾、置き掻きこれは置かず。炭斗入江殿より申し出ず。火吹き置かず。風炉鑵子上のを申し出ず。置き紙、奈良紙の端を切る。紙鎮を置くなり」とある。そして、もう一カ所が「奥四畳半」である。まず、『三好筑前守義長朝臣亭江御成之記』には、奥の四畳半に御茶湯《おちやのゆ》があるとし、「御道具の事」として、御茶碗、同台、御茶杓、茶壺、茶筅、茶巾、御盆、水指、水翻（建水）、柄杓立、火箸、かくれが（蓋置）、台子の茶道具一式が書き上げられている。それに続き、

一、御茶湯棚のきはに雑紙これ在り。ならがみ、紙鎮これを置く。

一、御休息所に御はんぞうだらい。御手のごいかけこれ在り。黒漆に塗る。御紋の蒔絵あり。金物これあり。御うがいちやわん。

とある。『永禄四年三好亭御成記』にも、同様の記載がある。この二つの史料からは、「奥四畳半」が「御休息所」であることがわかる。つまり、「次の三畳敷」の御茶湯が「揔《（惣）》茶湯」で相伴衆用であり「表」の空間に、「奥四畳半」の御茶湯が「上の御茶湯」で室町殿専用であり「奥」にある御休息所に設定された。

これら茶湯所に置かれた道具は、先に『君台観左右帳記』芸大1本にもあったように、

茶道具だけではなかった。奥四畳半の御休息所には、嗽《うがい》茶碗・雑紙・楾《はんぞう》角盥《つのだらい》・手拭いと手拭いかけの洗面具が置かれていた。ここでは、手を清め、口を漱《すす》ぐことと同じレベ

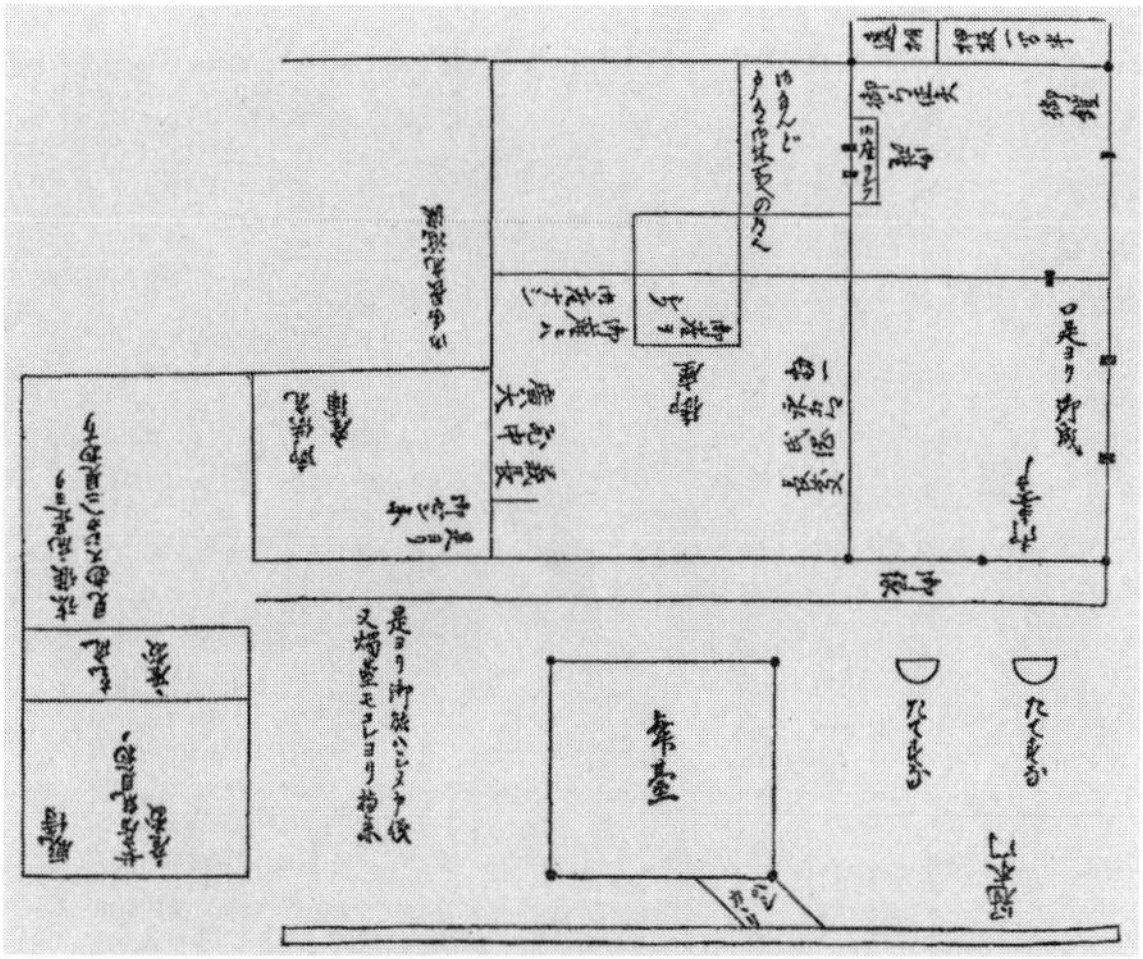

図21　御成の茶（『三好筑前守義長朝臣亭江御成之記』より）

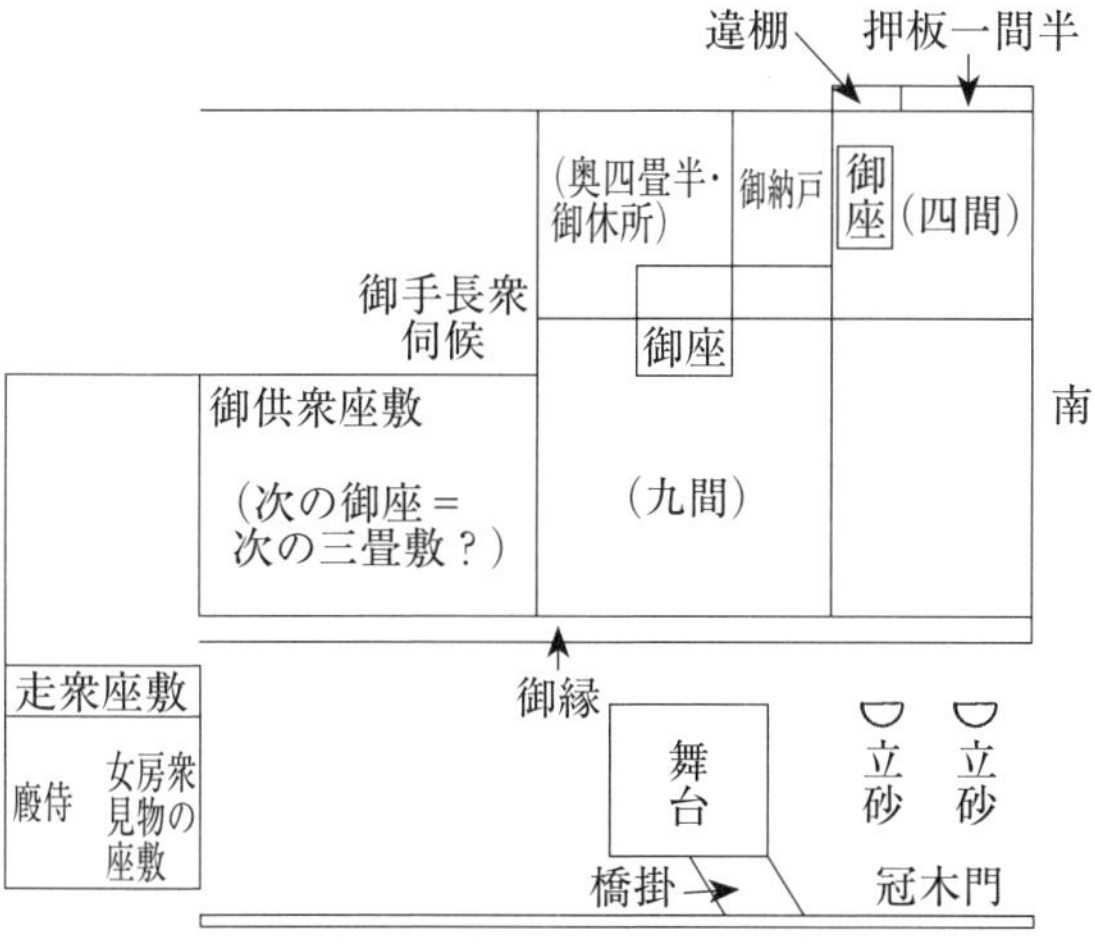

図22　同模式図

ルで、茶が飲まれていたことになる。つまり、茶は喉を潤す、あるいは大量の酒を飲み料理を食べたことに対する消化剤としての効能を期待されていたものと見られる。

図23　同朋衆（『若宮八幡宮参詣絵巻』より、若宮八幡宮所蔵）

同朋衆とは

次に、御成の茶の湯の担当者である、同朋衆《どうほうしゅう》について見ていこう。同朋衆とは、室町殿の下級職員である。その姿は、剃髪・帯刀《たいとう》・素襖《すおう》に白袴の半僧半俗で、村井康彦氏が指摘された『若宮八幡宮参詣絵巻』や下坂守氏が指摘された『十念寺縁起絵巻』に描かれている（図23）。また、「○○阿弥」という阿弥号を持っているが、阿弥号を持っているからといって時宗に限定されるものではない。同朋でも、特に義政期の東山殿に、「能芸相」といわれる能阿弥、芸阿弥、相阿弥の三代が仕え、彼らは道具の目利きや芸術家として活躍したとされ、従来はこの点が強調されてきた。しかし、このような同朋衆像は、家塚智子氏の一連の研究により、修正されつつある（「同朋衆の存在形態と変遷」「同朋衆の職掌と血縁」）。すなわち、同朋衆の職掌（仕事）は、下級職員としての雑役従事、すなわち裏方や奥向きの仕事であり、掃除、道具の飾りつけ（室礼）、給仕、点茶、公方御蔵にある御物の管理、御物に値段を付ける代付などであった。

同朋衆の種類

これまでの研究では、同朋衆といえば、「公方同朋」といわれる室町殿の同朋衆に焦点があてられてきた。すでに家塚智子氏が指摘されているように、公方同朋には会所同朋と御末《おすえ》同朋がいた。会所同朋は室町殿付きの同朋であり、御末同朋は、御台所（上様《かみさま》）付きの同朋である。しかし、それだけではなかった。

そのほかに、大名家の同朋もいた。たとえば、大永四年（一五二四）の足利義晴の細川尹賢《ただたか》邸への御成の様子を書いた『大永四年細川邸御成記』には、この御成での室町殿用の御茶湯の担当者の瑞阿は、「大屋形様」＝管領細川高国に仕えていた縁で、その従弟の

「是様」細川尹賢にも仕えていたとある。また、天文六年（一五三七）七月二日付「室町幕府奉行人連署奉書」（『石清水文書　菊大路家文書』）に「右京兆《うけいちょう》同朋万阿」とあるように、万阿は細川晴元に仕える同朋であった。

さらには寺家には、寺同朋がいた。

御成の茶と同朋

御成が頻繁化する足利義教の時代から、公方同朋の前身が茶の湯を担当していた。『満済准后日記《まんさいじゅごうにっき》』永享三年（一四三一）正月八日条を見ると、室町殿壇所における新年祈禱の折に、「侍一人増圓、遁世者一人智阿、茶涌等奉行たる」とあるように、室町殿の下級職員である御所侍《ごしょざむらい》とともに遁世者が茶涌かしなどを担当している。この遁世者が公方同朋の前身と見られる。

室町殿の御成では、茶の湯の用意や給仕を大名家の同朋が、室町殿の点茶は公方同朋が担当する。大永四年（一五二四）の足利義晴の細川尹賢邸御成の場合を見てみよう。『大永四年細川亭御成記』には、「御前の御茶湯は瑞阿、これは大御屋形様にて仕え候間、是様にても仕えられ候。御成あるよりは、公方様同朋にこれを渡す」とある。室町殿の御茶湯は細川家の同朋である瑞阿の担当で、室町殿の御成以後は、御茶湯の役目を公方同朋に渡したとある。つまり、御茶湯奉行は御成までは大名家同朋が務め、御成以後は公方同朋が務めた。御茶湯奉行となった大名家同朋は、茶涌＝湯を沸かすことがその仕事であったものと見られる。

なお、相伴衆用の惣茶湯については、同書に「御供の衆、公家、外様衆の茶湯は玉阿弥」とある。玉阿弥は、細川家の同朋で、湯を沸かすことだけではなく、茶を点てることも行ったものと見られる。さらに、「通の茶湯は、千阿弥。是様平阿弥」とあるが、「通」は「かよい」で給仕のことであり、細川尹賢への給仕は、細川家の同朋が担当した、室町殿への給仕は公方同朋の千阿弥が担当している。なお、千阿弥には細川家から千疋の礼金が支払われている。

御成における公方同朋の役割分担

公方同朋には会所同朋と御末同朋がいたが、御成において役割分担がなされていた。天文八年（一五三九）の足利義晴の細川晴元邸御成の際、御成の前日というのに、公方御倉から借用すべき御茶湯道具が、いまだ会場となる細川晴元邸に飾られてはおらず、当日に飾られることになった。そのことについて、細川晴元方から荒礼部某が、大館常興のもとに相談にきた。大館常興（尚氏）は室町幕府内談衆で、武家の有職故実に詳しい人物として知られる。その相談の内容とは、明日の御成で御茶湯道具については御末同朋が知っているので、御末同朋に道具を持たせて会場に行かせるのが良いか。その際、細川晴元邸で室町殿が御茶を飲みたいとなったときには、そのまま御末同朋が御茶を点《た》てても良いものか。また、慣例どおりに御会所同朋が点てるのが良いものか。両方の案に対する判断がつけられず、どのように命ぜられるものか、という質問であった。そこで大館常興は、御会所同朋に道具を持たせて晴元邸に行き飾らせ、そのまま御茶も点てるように命ぜられるであろうと返答した（『大館常興日記』天文八年十二月三日条）。

つまり、御成の際の御茶湯に対する公方同朋の分担としては、本来ならば、前日までに御末同朋が大名邸に赴き「室礼」、すなわち道具を飾ることを行い、御成当日には、会所同朋が室町殿とともに赴き、御茶を点てることを担当していたのである。

以上のように、室町殿の御成では、「茶会」や「茶事」は、最後まで公式プログラムには入らなかった。ただ、イレギュラーで、あるいは奥向きで、茶は喉を潤すためや消化剤としての効果を期待される形で、飲まれることがあった。

公式行事となる芸能の「茶の湯」

そもそも、鎌倉時代の武家儀礼では、茶が飲まれた形跡がないので、室町時代の武家儀礼に、たとえイレギュラーであっても奥向きであっても、茶が飲まれたことは次の時代に繋がる事柄として評価できる。

これを基にして、次の統一権力の織田信長や豊臣秀吉、それに続く徳川幕府の時代には、芸能の「茶の湯」が公式プログラムに組み込まれるようになる。いわば、新しい時代には、それにふさわしい新しい儀礼が求められたのである。そこには、室町殿の儀礼と比べると、奥向きの儀礼が表の儀礼へ、言い換えると本来表に出るべきではないものが表に出るという、「文化の下剋上」とでもいえるほどの価値の転換があったものと評価できよう。

日常茶飯事の時代の到来

「日常茶飯事」ではなかった中世

戦国期まで、茶は「日常茶飯事」ではなかった。
『日本国語大辞典』で「日常茶飯事」の項を見ると、「＝にちじょうさはん（日常茶飯）」とある。そこで「日常茶飯」の項を見ると、「（毎日の食事の意から）毎日のありふれたこと。日常茶飯事」とある。しかし、中世後期の戦国期になるまでは、庶民は、茶を日常的に飲むことができなかった。茶の一般化の指標は、庶民が家で日常的に茶を飲むことである。つまり、「日常茶飯事」という言葉は、中世を通じて茶が一般化される過程で生み出された言葉であった。

これまでの茶道史では、芸能の「茶の湯」が登場し家元制度の確立による「茶道」が成立したのち、茶は庶民に広がったといわれてきた。しかし、これは何か根拠があってそのように論じられたわけではなく、イメージだけでいわれてきたものであった。むしろ中世の史料を見ると、戦国期、つまり中世のうちに「日常茶飯事」の時代が到来していたことがわかる。

その「日常茶飯事」の原型と見られる語は、寛元四年（一二四六）に道元によって撰述された『日本国越前永平寺知事清規』に見える「仏祖家常《ぶっそかじょう》の茶飯」である。これは、「仏祖の日常の当たり前のあり方」と意訳される（『曹洞宗僧堂清規（三）』）。つまり、一般に先立ち、鎌倉時代中期の永平寺では、茶も飯も日常のありふれたものと認識されていたのである。

茶屋の源流

庶民が最初に外で茶を飲むことができるようになった場所は、十四世紀半ばに登場した茶屋である。

茶屋には、営利の茶屋と非営利の茶屋があり、営利の茶屋が「一服一銭《いっぷくいっせん》」（図24）で、非営利の茶屋が「接待茶屋」である。接待とは、『日葡辞書』に「巡礼や貧者などを招いて、茶のもてなしをすること」とあるように、宗教行為の一つである。その接待が行われる「接待茶屋」は、宗教施設にほかならない。

図24　一服一銭（『七十一番職人歌合』より、東京国立博物館所蔵、Image: TNM Image Archives）

その「茶屋」の起源には二つある。

一つは「接待所」である。接待所については、相田二郎氏などの研究があり、それによると、鎌倉時代中期に登場し、寺社の設置によるものが多く、往来の者に便宜を与えるためにあった。最初は修行僧など僧侶を対象とし寝食を提供していた（「中世の接待所」）。おそらく、鎌倉時代中期には茶の生産量も少なく、湯を提供していたものが、茶の生産量が増加した南北朝期までには、俗人にも茶湯がふるまわれるようになったものと見られる。やがて、接待所の機能の「寝食」の提供のうち、「飲食」の機能が特化されて「茶屋」になった。

もう一つが、寺社の年中行事での饗《きょう》の場である。もともとは寺内で法会に参列する僧侶をもてなすことから始まっている。中世後期になると年中行事が一般化し、参詣に訪れる庶民向けの飲食の場が必要となった。そこで登場したのが「茶屋」であった。

いずれも中世後期、経済的に自立を始めた庶民が寺社参詣に出かけるようになり、その道中や境内において、僧侶に限定されていたもてなしが、庶民にも拡大されたことから始まっている。また、寺社側の事情としても、中世前期までの公家や武家などの大檀越を失い、これに代わり庶民から広く浅く浄財を得て、寺社経営を安定させたいとの狙いがあった。

さて、茶屋の営業形態には、三つあることがすでに指摘されている。つまり、①店舗を構える「見世《みせ》（店）茶屋」、②道具を他所から持ってきて地面にすわり商売する「居（座）茶屋」、③天秤棒の前後に茶道具を搭載して振り売りを行う「荷《にない》茶屋」である。このうち、①の見世茶屋には、常設と仮設がある。仮設は年中行事の際に設営されることが多い。

「茶屋らしきもの」

十四世紀半ばの成立とされる根津美術館蔵『地蔵菩薩霊験記絵』第五段「桂河地蔵縁起事」は、「茶屋らしきもの」が描かれている最古の絵画史料である（図25）。内容は七条桂川の西国街道沿いにある桂川地蔵の霊験譚《れいげんたん》で、「さる入道が悪病で死に閻魔宮に行ったところ、桂川地蔵が請い受けてこの世に生き返ら

図25　茶屋らしきもの（『地蔵菩薩霊験記絵』より、根津美術館所蔵）

せてくれた。入道は地蔵に何らかの奉仕を申し出たところ、地蔵がみずからの錫杖を貸し与え、堂前の西国街道の修理を託した。そこで入道は勧進を行い、みごと道普請をなした」というものである。この場面には、地蔵と錫杖《しゃくじょう》を持ち宗教的集金活動である勧進を行う「さる入道」、堂の後ろにある「茶屋らしきもの」が描かれている。絵巻の場合、同じ場面に描かれているということは、これらが関連しあっていることを示している。

　この「茶屋らしきもの」をさらに詳細に見ていけば、僧侶が風炉《ふろ》・釜の前で茶筅を手に茶を点《た》て、俗人たちにふるまっている。その背後の棚には茶道具が並び、向かって左奥には茶臼も見える。管見の限りでは、茶屋を描いた絵画史料の中で、唯一茶臼が描かれた事例である。それに通常茶屋は本堂の前に描かれるが、ここでは本堂の後ろに描かれている点が珍しい。中世において建物の中で茶臼が存在すべき場所で、かつ本堂の後ろ側にある場所といえば、それは庫裏（台所）をおいてほかにはない。絵画史料が必ずしも正確に物事を描いていないという点を差し引いても、この場面は、道勧進に伴い、堂舎の一部である庫裏を開放して茶接待を行った設定になっている、と読み取ることができる。

絵画史料に見る茶屋

すでに指摘されているように、茶屋には境界性がある。すなわち、聖俗の境、あるいはこの世とあの世との境にある寺社の門前、道の上りと下りの境にある峠、村の境、洛中洛外の境にある構口などに設置された。

見世茶屋のうち、都市部の常設の茶屋として『釈迦堂春景図屏風』（京都国立博物館蔵）に見る茶屋は、嵯峨野清凉寺の門前という聖俗の境界にあり、板葺きで土間に釜と風炉を置く（図26）。地方の事例としては『富士見図屏風』（個人蔵）に見える茶屋で、箱根の外輪山の山七里《やまくれ》・嶺七里《たけくれ》（現静岡県三島市）という道の境界となる峠にあり、藁ぶき屋根に柱も黒い皮つきで、釈迦堂の茶屋に比べてワイルドな印象を受ける。

一方、年中行事に登場する仮設の茶屋としては、『六道珍皇寺参詣曼荼羅』（六道珍皇寺蔵）に見える門前の茶屋がある（図27）。六道珍皇寺は、旧五条通（現松原通）に面し、京

図26　都市部の見世茶屋（『釈迦堂春景図屏風』より、京都国立博物館所蔵）

都最大の葬地である鳥部野《とりべの》の入り口に位置する。今でも京都市民が盂蘭盆会を前に先祖を迎えに行く「お精霊さん迎え」の寺院として有名で、参詣曼荼羅の上部にもその様子が、下部には門前に六軒の茶屋が描かれている。茶屋はいかにも簡易な仮設の構えで、中央に風炉・釜を前にした茶屋亭主が茶を茶筅で点てている。店の後方には商品である草鞋がぶらさがり、覆面をした客の男が床几に腰かけて履き替える様子も描かれている。残念ながら現在では、盂蘭盆会の時期に門前に茶屋が出ることはない。

現在でも年中行事に見られる仮設の茶屋としては、節分のときに京都市左京区

図27　年中行事での仮設茶屋（『六道珍皇寺参詣曼荼羅』より、六道珍皇寺所蔵）

図28　熊野神社境内の接待茶屋（京都市左京区所在）

丸太町通東大路にある熊野神社の境内に登場する接待茶屋がある（図28）。これは元禄年間（一六八八―一七〇四）の創業以前には、聖護院の森で茶屋を営んでいたという由緒を持つ、八ツ橋屋が奉仕しているものである。

『地蔵菩薩霊験記絵』で「茶屋らしきもの」と勧進が同一の場面に描かれていたように、また、勧進聖が携帯した寺社参詣曼荼羅に茶屋が描かれていたように、茶屋は寺社の勧進活動と密接に関わっていた。

茶屋の集金機能

延徳二年（一四九〇）三月、京都北野社は、社頭に籠った土一揆のために社殿の大方が炎上消失してしまった。その際に消失した毘沙門堂再建のため、「川つら」が北野社日参衆を門前の茶屋に集め、奉加を募る説明会を開いた。茶屋は、勧進を行う場であった。

それだけではない。文明八年（一四七六）には、興福寺六方衆が帯解《おびとけ》橋の街道両側の近所の茶屋に、橋の勧進を命じようとしていた。もともとは勧進聖がこれを務めていたが、「不法仕り正体《しょうたい》なき躰《てい》に成り下り」という任務が遂行できないありさまで、だからといって「甲乙人《こうおつにん》」＝凡下《ぼんげ》・百姓に命じることは不適当なので、この役割を茶屋亭主に命じたものである。ここから茶屋亭主は、勧進聖に準じる聖俗境界にある者と認識されていたことがわかる。茶屋は、勧進を行う場であるだけではなく、茶屋亭主自体が勧進を行うようになっていたのである。

さらには、その集金能力を買われ、都市や村落の構口といった境界にある茶屋亭主の中には、都市領主との間に契約をかわし、税の徴収を請け負う者も登場した。たとえば、公家の山科家は、御厨子所《みずしどころ》別当として洛中辺土から近江山中・坂本の味噌屋に対して公事銭を徴収する権利を持っていたが、文明三年には、戦乱により京中の構口が封鎖されて徴収が思うようにならなくなった。そのため山科家家礼《けらい》の大沢久守は、味噌公事銭の徴収を構口の茶屋亭主たちに請け負わせたのである（拙稿「中世の茶屋について」）。

場所柄、このほかにもさまざまな機能を担わされていた茶屋であるが、戦国期から近世にかけて、機能ごとに「茶屋」「茶所《ちゃじょ》」「茶室」へと分化していく。

中近世移行期の「茶屋」の分化

まず、「茶屋」は寺社の門前や街道沿いや峠など境界でも俗なる場所にあり、近世には、飲食を行う水茶屋、女性を置く色茶屋、芸能が行われる相撲茶屋や芝居茶屋など機能ごとに分化した。これに対して「茶所」は、寺社の境内の聖なる場にあり、宗教行為の場として建物内には仏像が安置され、飲食の接待のほか、説法など宗教行為が行われる場合もある。このほか「茶室」も初期は「茶屋」と呼ばれ、屋敷の奥に作られた。

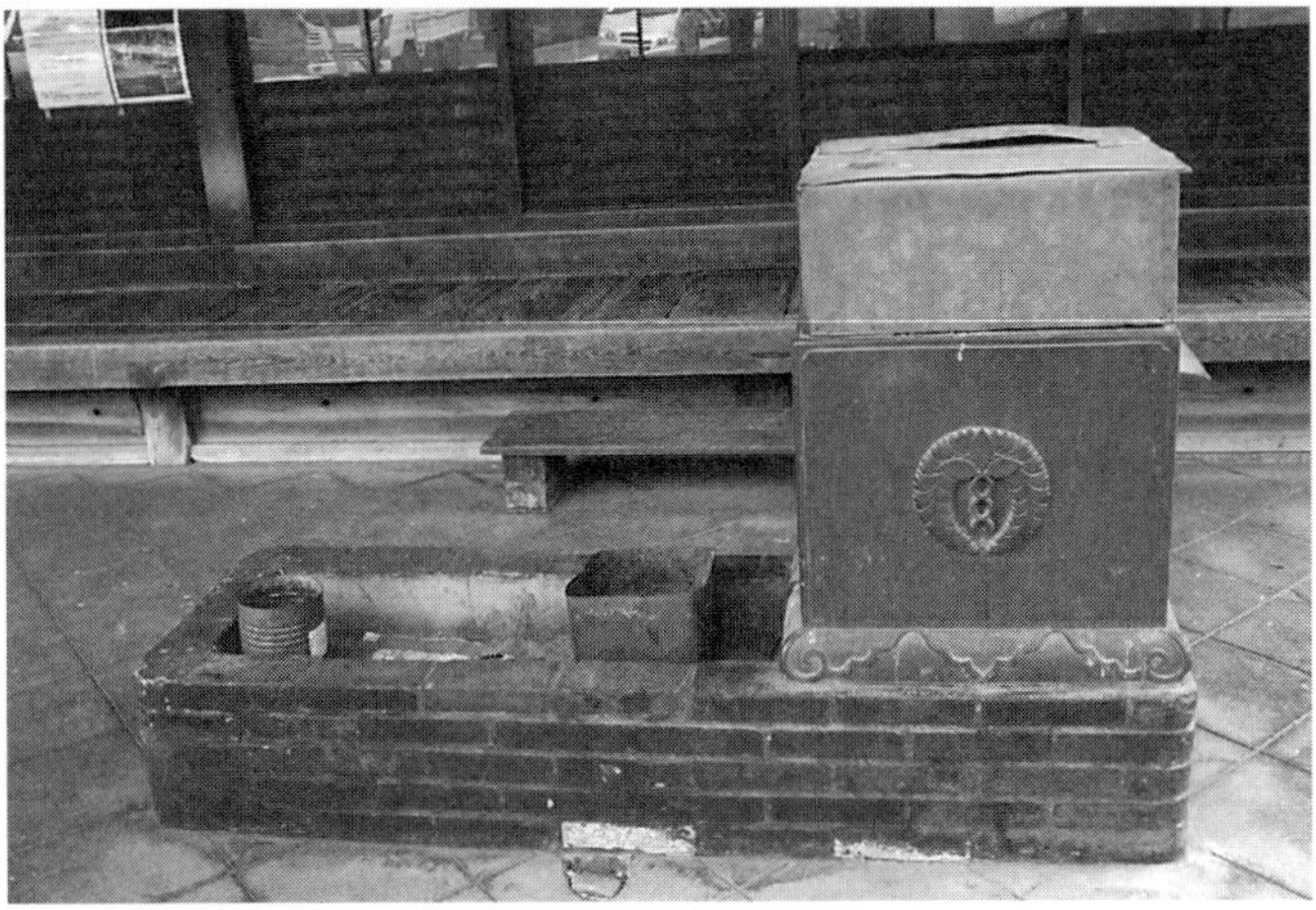

図29　仏光寺にあった茶所で使用されていた炉（京都市下京区所在）

そのうち茶所は、今でも京都の多くの寺院境内にある。特に下京区の浄土真宗仏光寺派本山の仏光寺茶所は江戸時代末期の建物で、午前七時からの本堂での朝の御勤め「晨《じん》朝《じょう》」のあとに、七時半から信者向けに「茶所布教」が行われていた（図29）。この「茶所」については、かつては「火番《こばん》さん」が住み込で管理していて、軒先の炉で湯を沸かして番茶を信者に出していたが、近年は通いとなり、コンロにやかんをかけて番茶を淹れて出していたという聞き取りを得ていた。ところが数年前、この茶所は今流行《はや》りのカフェとなった。

荷茶屋と祭礼

このほかの、可動式の荷茶屋についても見ていこう。

荷茶屋は、祇園祭や大津祭などの祭礼の中に、今でも見られる。特に祇園祭の山鉾巡行には、すでに江戸時代前期から荷茶屋が随行していた。最近では、江戸時代前期の絵画史料から、山鉾巡行のあとに行われる神輿巡行でも、荷茶屋が随行していたことが判明した。しかし現在、神輿巡行に荷茶屋は随行していない。

図30　京都市下京区太子山町の荷茶屋

このうち山鉾巡行に随行する荷茶屋について見てみよう。下京区の太子山町では、江戸時代後期の荷茶屋を保存している（図30）。荷茶屋には茶道具を搭載し、山鉾巡行の折にはこの荷茶屋を随行させ、随時茶を点て飲んでいた。今は平成二十五年（二〇一三）に復元新調された荷茶屋が随行し、巡行の最中に茶を点てるパフォーマンスを行う。このほか、かつては長刀鉾・芦刈山・保昌山などほかの山鉾にも随行していたが、茶を飲むことができたのは裃を着た鉾町の役人（役を負担する町人）のみで、周辺の農村から出ていた山鉾の引き手・担ぎ手は、飲むことができなかったとの聞き取りも得ている。ではなぜ祇園祭の山鉾巡行や神輿巡行で荷茶屋が随行するのであろうか。山鉾は、それぞれにご神体が搭載されているように、神輿に準じる「動く神社」である。神社の門前に茶屋があるように、「動く神社」である神輿や山鉾には「動く茶屋」である荷茶屋が随行するものとされたのであろう。

以上のように、十四世紀半ばの茶屋の登場により、庶民は外で茶を飲むことができるようになったのである。続いて、庶民が家の中で茶を飲むことができるようになるまでを見ていこう。

荘政所でのもてなし

まず、農村の政治的な場面で、茶がもてなしに使われた事例を見てみよう。農村の中でも庄園の現地事務所である荘政所《しょうのまんどころ》では、茶をもてなしに使用するようになった。応永二十四年（一四一七）九月二十四日、「典厩《てんきゅう》」なる人物は、播磨国坂本小河の国衙代官職（目代）小河玄助のもとに行く途中、東寺領の同国矢野庄（現兵庫県相生市）の荘政所において茶を所望した。そこで荘政所では、酒肴を出してこれをもてなした（応永二十五年三月十三日付「供僧方年貢散用状」『東寺百合文書』ら函二一）。中世のもてなしに使う飲料の第一は酒であり、相手が茶を要求したとしても、その上を行くもてなしをするのが礼儀というものであるため、酒でもてなしたのであろう。おそらく、荘政所には茶を点てることができる準備がなされていたと見られる。

それを裏付けるように、庄園によっては村の代表者である名主沙汰人が自宅を荘政所としている場合があり、そこに茶道具類が用意されていた事例がある。寛正四年（一四六三）の備中国新見庄では、京下りの領家東寺方代官の祐清が庄内を巡検中に殺害され、その報復として領家（東寺）方荘官と百姓が、地頭方百姓家と政所に放火するという事件があった。その際に作成された家財道具のリストを見ると、地頭方政所屋（荘政所）には、吉茶三斤・鑵子・茶碗大小五つ・茶臼・茶盆・塗手の頭切などの茶道具がそろっていた。一方、殺害された祐清の家財道具の中にも、茶臼・天目《てんもく》二つ・茶桶など、蔵にも茶四合などがあった。このうち、茶臼・茶碗二つ・天目二つ・釜・茶壺・茶桶など茶道具を含む家財の一部が事件後に領家方政所のものとなった。

このように、荘政所は、庄園の現地事務所として、年貢収公の際の役人の饗応や地域の政治的な交流や交渉の場となるため、日ごろから茶のもてなしができるような茶道具類が準備されていたのである（拙稿「室町時代農村における宋式喫茶文化の受容について」）。

敵対するものに茶を出すな

さらに、農村で茶を出して接客していた事例を見ていこう。前関白九条政基が九条家領和泉国日根《ひね》庄へ下向したときの日記『政基公旅引付《まさもとこうたびひきつけ》』文亀三年（一五〇三）五月十八日条を見ると、前日の夕刻に下守護被官の多賀の軍勢が、庄内の日根野村東方に乱入したとの情報を得たにもかかわらず、入山田村や日根野村東方の代表者番頭（沙汰人）たちが、政基へ事態を知らせに来なかったことに立腹し疑念を抱く様子が描かれている。このとき政基は、「（敵に）茶の一服でも出そうならば、追って厳しい処罰をするぞ」と命じている。この「茶の一服」はいわゆる比喩であるが、当時、村の対外交渉の場においては、まず茶の一服でも出してもてなすことが常識であったことを示している。そして、このような対外交渉の場で茶の一服さえも出さないということは、相手と敵対することを意味していたのである。

富裕層の喫茶

同じころ、家での個人的な喫茶は、長者などの富裕層で見られるようになっていた。十五世紀『福富草紙』（春浦院蔵）には、畳敷きの寝室で夜具をまといくつろぐ老長者夫婦の姿が描かれている（図31）。その壁際の地袋の上には、唐物《からもの》とおぼしき青磁碗・盆の上に台付の天目二つと茶筅、青磁鉢が描かれている。唐物の茶道具は、富の象徴であるものの、寝室というプライベートな空間に置かれていることか

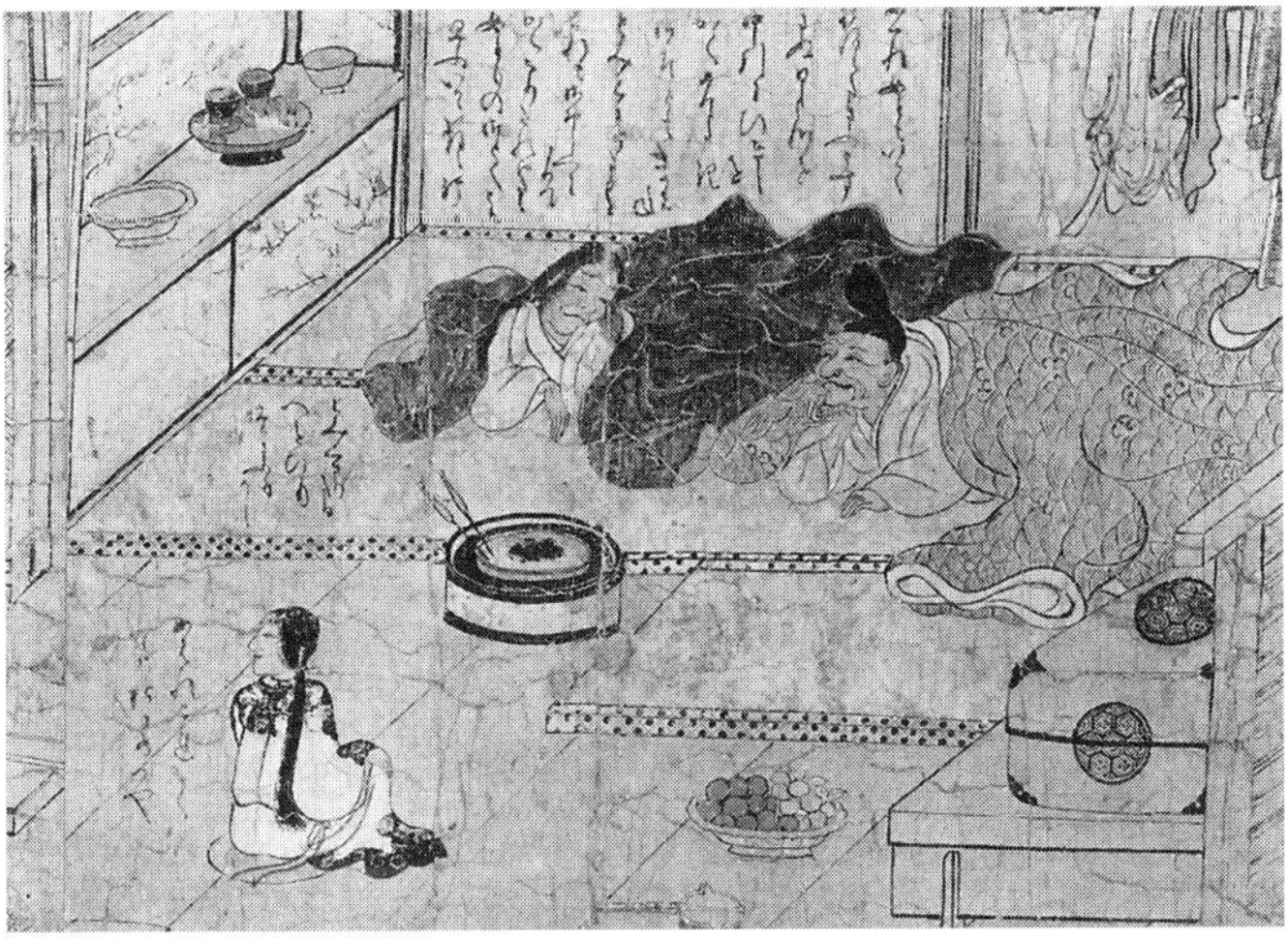

図31　長者夫婦の唐物茶道具（『福富草紙』より、春浦院所蔵）

ら、長者夫婦が茶を嗜好品として飲んでいる設定となっているものと見られる。

また、宝徳二年（一四五〇）、東寺領若狭国太良《たら》庄助国名の名主泉大夫道心は、その家財道具として「茶うす一」「茶わん二」を所有していた（宝徳二年十一月二十四日付「若狭国太良庄百姓泉大夫財物注文」『東寺百合文書』ハ函）。茶臼は消費側が持つものであったから、これは、泉大夫が茶を消費していたことを示している。名主層が茶具足を所持する理由としては、茶を個人的に楽しんでいたことも考えられるが、ときに村の代表者である沙汰人として、茶をもって饗応するという対領主・守護・村落間交渉などの政治的儀礼の場に臨む必要性があったためと考えられよう。

このように、南北朝期の庶民が家外の茶屋で茶を飲むことができる時代、室町時代の富裕層が家で茶を飲むことができる時代を経て、戦国期に庶民が家で茶を飲むことができる時代、「日常茶飯事」の時代が到来する。

「日常茶飯事」の時代の到来

天文八年（一五三九）、蜷川親俊の『御状引付』にある盆踊唄の「意見さ申そうか御聞き候か」の一番には、「亭主亭主の留守なれば、隣りあたりを呼び集め、人事《ひとごと》言うて大茶飲みての大笑い、意見さ申そうか」とあり、京都の庶民の女性たちが、夫たちが留守なので誰かの家に集まり、人のうわさ話をしながら抹茶を飲んで大笑いをしている様子がうたわれている。これこそが、庶民が家で日常的に茶を飲むことができるようになったこと、つまり「日常茶飯事」の時代が到来したことを示す初見史料なのである。したがって、織豊期に芸能の「茶の湯」が大成し江戸時代に茶道が成立したのちに茶が一般化したのではない。順番は逆で、戦国時代までに喫茶文化が一般化したその中から、芸能の「茶の湯」が登場したのである。

宇治茶と芸能の「茶の湯」

宇治茶の歴史

宇治茶の特徴とは

宇治茶とは何か。これを端的に説明することは意外にも難しい。今から十年前ぐらいのこと、宇治茶の歴史に関する原稿の依頼を受け、宇治茶とは何かを書く必要に迫られた。これだけ有名なブランドである。すでに研究し尽くされていると思いきや、状況は逆で、中世の宇治茶については、『宇治市史』以来、ほとんど学術的な研究が行われていないことがわかった。そのため、自分で史料を分析して、その答えを出すほかなかった。

宇治茶といえば「伝統がある」といわれるが、中世から現代までの宇治茶の歴史を見ると、常に新しい茶種作りに積極的で、およそ作らなかった茶種はなかったものと見られる。

現在でも、抹茶も煎茶も玉露も番茶も作り、最近では紅茶も半発酵茶も作るが、戦前にはグリ茶も釜炒り茶も固形茶も作っていた。さらに、殺青《さっせい》は「蒸す」が当たり前のようにいわれるが、昭和時代までは宇治田原町で湯がいた煎茶も作っていたとの聞き取りを得ているように、蒸す・湯がく・炒るのいずれも行っていた。このように、宇治は歴史的にさまざまな茶種を生産してきたことを受けて、現代でもさまざまな茶種を作り続けている。それに、現代の日本茶を代表する覆下《おおいした》茶園の茶葉を使った「抹茶」「煎茶」「玉露」は、この宇治茶の産地で誕生した茶種である。

宇治は、ただ単に新しい喫茶文化を受け入れただけではなく、そこから既存の製茶法と組み合わせながら、新しい茶種を生み出してきたという、ほかの産地には見られない歴史がある。この多様性と革新性こそが、宇治茶最大の特徴であり、宇治茶の持つ技術的・文化的な豊かさであると評価できよう。つまり、宇治茶に見る「伝統」とは、これまでに集積されてきた技術や文化の引き出しの多さであり、それを時宜に応じて取り出して、さまざまな課題に対応させて、さらに新しいものを作り出す、という歴史の積み重ねであるともいえる。

宇治茶の産地は、中国から伝来した三つの喫茶文化、「煎茶法」を特徴とする唐風喫茶文化、「点茶法」を特徴とする宋風喫茶文化、「淹茶法《えんちゃ》」を特徴とする明風喫茶文化をすべてを受け入れ、それを長い年月をかけて宇治の風土に合うようにアレンジし、新しい茶種を作り出してきた。

たとえば、「煎茶法」の茶は「京番茶」に継承され、「点茶法」の茶からは、戦国期の宇治で覆下茶園の茶葉を使った「抹茶」を生み出し、「淹茶法」の茶からは、江戸時代中期の宇治田原で「煎茶」を、江戸時代末期の宇治で「玉露」を生み出した。これらは、京都府南部の南山城地域の環境が育んだ「地域茶」といえる。

ただし、「京番茶」が京都の地域市場で流通する茶であるならば、覆下茶園の茶葉を使った「抹茶」「煎茶」「玉露」は、京都だけではなく、全国市場でも流通する茶となった。さらには、各地で製茶法が受容されたこともあり、宇治茶の産地は、現代の日本茶を代表する茶の種類である覆下茶園の茶葉を使った「抹茶」「煎茶」「玉露」を誕生させた「日本茶のふるさと」といえよう。

日本茶のふるさと

なお、中世において「番茶」とは、『日葡辞書』に「上等ではない普通の茶」とあるように、茶の等級・品質をいうものであり、「庶民の茶」とは必ずしもイコールではない。

ブランドの条件

宇治茶は日本を代表するトップブランドである、といえば誰もが納得するところであろう。それでは、ブランドとは何かを改めて問われると、説明することは思いの外難しい。そこでブランド研究の第一人者である山田登世子氏の著書『ブランドの条件』からその条件を抽出すると、

①　オリジナリテイ　ほかの産地にはない茶を作る。無上、別儀、そして、覆下栽培の最初の「抹茶」とされる極上を生み出す。

②　ストーリー　創業伝説を持つ。明恵が宇治の里人に茶の種の蒔き方を教えたとする「駒《こま》の蹄影《あしかげ》」伝説がある。

③　ロイヤリティ　天皇家・将軍家に愛される。

④　イミテーション　偽物が出る。

となろう。宇治茶は、中近世移行期までにこれらの条件をすべて満たした、紛れもないブランドといえる。

「宇治茶」は集散地名表示

近世の宇治郷は、宇治市宇治や神明などを中心としたさほど広くない地域である。天正十二年（一五八四）に羽柴秀吉は、宇治郷に対して禁制《きんぜい》を出したが、その第一条では、他郷の者が宇治茶といって茶銘や袋を似

せて各地で販売することを禁止するとある。これはたとえ他郷の者が、宇治郷産の茶を扱ったとしても、それを宇治茶と称することはできないということになる。逆に宇治郷の者、具体的にいえば宇治茶師が扱う茶は、宇治郷産の茶も宇治郷以外産の茶も宇治茶と称することができるということになる。たとえば、宇治茶師の堀家は近世になると宇治郷以外の白川村に茶園を購入しているが、そこで摘まれた茶葉は、宇治郷にある堀家の屋敷に運ばれ、奥の茶工場（製茶場）で製茶されブレンドされたのち、宇治郷を出て全国販売される段には、宇治茶と称された。近世には、宇治茶とは産地名表示ではなく、集散地名表示となっていたのである。この構造はその後も歴史的に受け継がれて、現在は、「宇治茶とは、歴史・文化・地理・気象等総合的な見地に鑑み、宇治茶として、ともに発展してきた当該産地である京都・奈良・滋賀・三重の四府県産茶で、京都府内業者が府内で仕上加工したものである」と定義されるに至っている。つまり現在の宇治茶は、最終加工地名となっている。

「茶の湯」や「文人煎茶」を支える

また、宇治茶は芸能の「茶の湯」や「文人煎茶」をたしなむ茶人たちに愛顧された。

特に初期の芸能の「茶の湯」で使用される茶は、「宇治茶」で独占されていた。そのため芸能の「茶の湯」をたしなむ戦国大名たちは、特定の宇治茶師から宇治茶を購入していた。たとえば、堀家は越前国の朝倉家に茶を販売する権利を持っていた。上林三入《かんばやしさんにゅう》家の祖、藤村勘丞は薩摩国の島津家に茶を販売していた。このほか、森家の茶を贔屓にしていた織田信長、上林の茶を贔屓にした豊臣秀吉と続き、江戸時代になると上林家以下の宇治茶師たちは、徳川将軍家をはじめとする諸大名家や禁裏などの御用を務めるようになった。

宇治茶の成長

織豊期までに覆下《おおいした》茶園の茶葉を使った「抹茶」が誕生する前提を考えるために、中世の宇治でどのような茶が受容されていたのかを考えてみよう。

中世宇治の茶とは

まず、中世の宇治では露地茶園の茶葉を使った「抹茶」を作っていた。製法としては、露地茶園の茶葉を摘み、時間を置かず「蒸し」て殺青《さっせい》し、「焙炉《ほいろ》」で乾燥していた。それは、前述の八百年前の露地茶園の茶葉を使った「抹茶」のレシピである栄西《ようさい》の『喫茶養生記《きっさようじょうき》』「茶調様」に見られる製法と同じであった。そして、これを飲むときには、消費者側が茶臼などで粉砕して抹茶にし、「点茶法」、すなわち湯を注いで茶筅で攪拌して飲んだ。

もう一つが、煎茶法で飲む茶である。狂言の「今神明」「栗隈神明」では、宇治の栗隈神明社の境内で夫婦が煎茶法の茶を販売している設定になっている。ちなみに、「栗隈神明」では「宇治の若葉」＝宇治の新茶を使用していた設定になっている。また、「今神明」でも茶を煮出す道具として焙烙を使用していることから、煎茶法の茶を販売していたものと見られる。ただし、その製法は殺青は蒸しか湯がく、乾燥は日干か焙炉を使用するか両方の併用をする、そして、茶臼で粉砕する場合としない場合と、多様な方法が考えられる。

宇治茶の初見

宇治茶の初見は、南北朝期の朝廷に仕える楽人豊原信秋の日記『信秋記』応安七年（一三七四）四月一日条である。この日、信秋のもとに、醍醐寺覚王院弟子の増縁が、伊勢将監乗佐を伴い来た。このとき、信秋は覚王院僧正某への贈りものとして、宇治茶を増縁に託した。ここで宇治茶は贈答品として使われたことから見て、さかのぼることができても、宇治における茶の生産は、鎌倉時代末期ごろから行われていたと想定するにとどまる。

次いで、南北朝期『異制庭訓往来《いせいていきんおうらい》』「三月状」からは、宇治茶の評価がわかる。日本の茶の名産地は、山城国栂尾《とがのお》高山寺が第一位であった。その「補佐」、すなわち第二位は六カ所あり、山城国の仁和寺・醍醐・宇治・葉室、大和国の般若寺、丹波国の神尾寺《かんのうじ》であった。宇治はここに名前が見られ、第二位ではあるが六カ所のうちの一つにすぎなかった。しかし間もなく、永徳三年（一三八三）成立の歌論書『十問最秘抄《じゅうもんさいひしょう》』では、栂尾茶も宇治茶も「本の茶」＝本茶とされるようになった。

二つの本所

この時代には、茶の種類や産地を飲み分ける遊芸である闘茶《とうちゃ》が流行していた。闘茶にはさまざまな遊び方があるが、その一つである本非茶では、本茶と非茶を飲み比べる。「本茶」とは栂尾高山寺産の栂尾茶のことであり、非茶とは栂尾茶以外の茶のことである。栂尾茶が本茶であるゆえんは、栄西《ようさい》が中国から持ち帰った（もしくはその子孫）とされる茶実を明恵がもらい受け、これを蒔いたものとする「深瀬三本木《ふかせさんぼんぎ》」伝説に基づく。

ところが、高山寺は山地にあり茶の生産量も限られる。鎌倉時代後期には、年によって生産量が少ないこともあり、その場合には寺内で消費されるのみで、山中を出ることがなかった。南北朝期になり、闘茶が流行して、本非茶が行われるようになると、本茶を栂尾茶とするには供給量に限りがあり、その需要に追い付くことができなかったものと見られる。そのため、京都の外郭にあり近衛家を通じて高山寺との繋がりもある宇治が、もう一つの本茶の産地として設定されたのである。

しかし、応永二十七年（一四二〇）の恵命院宣守の『海人藻芥《あまのもくず》』に見えるように、本茶は栂尾茶のみで、宇治茶などは非茶であるとする評価も根強く残った。このように、南北朝期の後半から室町時代中期までは、栂尾茶が一位で、宇治は二位以下とする評価と、栂尾茶も宇治も一位であるとする評価とがあった。

それが栂尾茶・宇治茶ともに本茶であるとの評価に一本化されたのは、応仁の乱前後のことである。このころ成立した公家の一条兼良《かねよし》の『尺素往来《せきそおうらい》』には、

南北の本所定めて遊山あるべく候や。宇治は当代近来の御賞翫、栂尾は此間衰微の躰に候と雖も、名の下虚しからざるの諺《ことわざ》、思し召し忘らるべからざるものや。

とある。これまでは「宇治は当代近来の御賞翫、栂尾は此間衰微の躰に候」を抜き出して、宇治が栂尾を抜いて単独一位に立った史料であると評されてきた。しかし、「南北の本所」とは京から見て南が宇治であり北が栂尾高山寺であることは明白で、以下を訳すと、「宇治は最近当代（天皇）がお好みであり、この間、栂尾が以前よりは衰微している状態であるというものの、その名声に違うことなく期待を裏切らないものであるように、天皇の覚えも忘れられるものではないのだ」となる。つまり、宇治茶だけではなく栂尾茶も素晴らしいし、天皇が両方を愛顧していることを述べているのである。しかもここで宇治茶

は、ブランドの条件の一つ「ロイヤリティ」＝天皇家に愛される茶という条件をクリアしていたことになろう。

これ以後も、栂尾茶は、中世を通じて宇治茶とともにトップの茶であり続けた。それが証拠に、明応二年（一四九三）に大徳寺で行われた一休宗純《いっきゅうそうじゅん》十三回忌法要では、栂尾茶が使用されていた。このような禅宗寺院における先師の年忌法要は宗派の威信をかけて行われるものであり、そこで使われる茶は当時の最高級品であった。それが宇治茶ではなく、栂尾茶であった。しかも、この茶の値段は一般の茶が一斤百文から二百文ぐらいが多いところ、一斤五百文もする高級茶であった。

初期ブランドの登場

このように、宇治は十五世紀半ばまでには、栂尾とならぶトップの地位を獲得し、十五世紀の終わりごろには、独自ブランドを打ち出すまでに至った。それが「無上」である。

無上の初見史料は、『山科家礼記《やましなけらいき》』延徳三年（一四九一）四月二十日条である。そしてその六十年後、宇治は次なるブランド茶である別儀を登場させる。別儀の初見は、『天王寺屋会記　宗達自会記』天文十七年（一五四八）十二月六日条で、堺の天王寺屋津《つ》田宗及《だそうぎゅう》が開いた茶会で、御茶（濃茶）として宇治茶師森家の別儀を使用した。

この無上と別儀は、これ以後の史料にしばしば見られる、いわば初期ブランド茶とでもいえる茶であった。しかし、一次史料からは無上と別儀がどのような茶で、両者の間にどのような違いがあるのかは明らかにすることができない。

ただし、少し後世の茶書には、無上や別儀について、その復元に繋がる記述がある。芸能の「茶の湯」が史料に登場した十六世紀初めには、宇治茶のブランド茶は、無上だけしかなかった。また、茶筅で攪拌して抹茶を飲む作法には、茶筅で泡点てて飲む薄茶《うすちゃ》の飲み方と、薄茶の約二倍の量の抹茶を使い茶筅で練って飲む濃茶《こいちゃ》の飲み方があるが、これ以前には、薄茶の飲み方しかなかった。

慶長十九年（一六一四）の写本であるが、初期「茶の湯」について書かれたと見られる「無上立次第」を持つ『烹雪集』では、無上を台天目で点《た》てたあとに、薄茶を点てていることから、無上は濃茶の点て方（練り方）で飲まれていたものと見られる。この記載から、濃茶（御茶）の飲み方は、宇治茶のブランド茶である無上を点てるために、芸能の「茶の湯」の作法の一つとして誕生した可能性が出てきたのである。ちなみに、「濃茶」の語は、天正三年（一五七五）に登場する。

次いで十六世紀半ばに、宇治茶の新しいブランドである「別儀」が登場すると、今度は別儀が濃茶用の茶として使われるようになる。

その別儀と無上の違いについては、慶長十七年の『僊林』には、「よきそそりを無上と褒美し、よき無上を別義という」とある。これによると、品質の優れている順に、別儀→無上→そそり（揃）となる。

同様の記載は、ポルトガル人宣教師ジョアン＝ロドリゲスの『日本教会史』にも見られる。すでに織豊期までに覆下栽培が始まり、覆下茶園の茶葉を使った最初のブランドと目されている「極上」が登場して「無上」が消失した時期であるため、上から順に、極上→別儀→極揃→別儀揃となっているが、この時点でも等級による分類であった。

ところが、別儀の誕生については、違う説も見られる。永禄七年（一五六四）、堺の茶人真松斎春渓『分類草人木』には、「当時の茶の色を奔走するに依りて、蒸しを控ゆる故に風味悪し。昔は味を本とす。良く蒸す故に葉の形ち鷹の爪の如し」とある。永禄七年といえば、すでに別儀が登場して十六年が経っているため、「当時（今）」と「昔」をどこまでの範囲とするのかという問題もあるが、この茶の色を良くするために蒸し時間を短くしたところ風味が悪くなったと評価された茶は「別儀」のことで、昔の茶が「無上」と見ることもできる。

また、慶長十七年の『僊林』にも、「別義のほこり《おこり》、珠光は松花の青香に茶を御入れしに、持ち過ぎて茶いるるにより、隠密に宇治へ一倍にて無上をあつらえるなり。蒸しを卒《そっ》度《と》してと云う。別義と云うなり」とあるように、無上よりも別儀の方が蒸しを浅くした（蒸し時間を短くした）ことが書かれている。この内容は先の『分類草人木』の内容と一致する。ただし、珠光の没年は文亀二年（一五〇二）で、別儀登場の時期とは合わないため、『僊林』で別儀の登場は珠光に仮託されたことは明らかである。

さらに『僊林』には、台付きの天目で濃茶を練るときの茶の量として、「凡そ、無上は五すくい、別義は七杓、しかるといえども、なおも少なくは入るべし」とある。これを見ると、何人分の濃茶を練るものかはわからないが、無上の場合が五杓で別儀が七杓と、別儀の方が二杓も多いことから、別儀の方が無上よりも味が薄いものと見られる。これは『分類草人木』や『僊林』にあるように、別儀が無上よりも蒸し加減を控えめにしたために味が薄めになったことが指摘されていることとも一致し、そのため、別儀を飲む場合には、無上よりも二杓も茶の量を多くしないことには、味の濃さがちょうどよいものにならなかったものと見られる。

宇治茶をまねする者たち

このようにして、初期ブランド茶である「無上」や「別儀」を登場させた宇治であったが、次のような事態が生じていた。

永正九年（一五一二）二月二日付で弘中武長が益田宗兼に送った手紙には、「誠に軽微至極に候と雖も、宇治茶二袋進入せしめ候。真実の無常《（無上）》の由申し候えども、信用なく候」とある（『益田家文書』）。手紙の差出である弘中武長は山口の大内氏の家臣で、このときには大内義興に従って京都にいた。宛所の益田宗兼は石見の豪族で、当時は同じく大内氏の支配下にいた。京都で購入したものか貰ったものかは定かではないが、とにかく宇治の無上といわれる茶を入手した武長は、この茶が「真実の無上」＝本物の無上ではないかもしれないとわかっていながら、それを宗兼に送っているのである。これは当時の京都で、偽物の無上が流通していたことを示していよう。

さらには、義哲の『長楽寺永禄日記』永禄八年（一五六五）四月十日条を見ると、「葉なりの茶を始めてとする。池の端を摘ます。別木《（儀）》五半・無上十二・簸出《ひだし》二・本二なり」とある。これは上野国世良田（現群馬県太田市）の長楽寺で、境内の池の周りにある茶の木の新芽を摘み製茶したものに、勝手に別儀や無上という宇治茶のブランド名を付けているのである。このような事例は、大和国でも見られる。

以上のような、偽物の流通や銘の無断借用は、宇治茶の生産者にとってはゆゆしき問題である。併せて栂尾茶以下のライバルも頑張っているという、これまでいわれてきたような、応仁の乱ごろから宇治茶の独り勝ちといったストーリーとは全く違った状況にあったことになる。宇治は、この状況を乗り越えるために、次に見るような改革を行ったのである。

宇治茶の大改革

五つの柱

宇治茶の改革としては、土地の集積、宇治茶の保護、覆下《おおいした》茶園の発明、茶臼の改造、宇治茶師の活躍の五つの柱があげることができる。それらを見ていく前に、宇治の茶業者の生業のありかたの変化について見ておこう。

この時期の宇治茶の茶業者は、中世茶業者から近世宇治茶師への脱皮を遂げた。中世茶業者は、たとえば宇治大路氏のように五ケ庄の荘官であり、室町幕府の奉公衆であるうえに、茶業も行っているという多面的な社会的役割を果たす、言い換えれば生業複合的な性格を持っていた。これに対して、近世宇治茶師は、基本的には茶業専業者であった。

これら宇治の新旧茶業者の将来を決定付けたものが、元亀四年（一五七三）の槙島城の戦であった。このとき、宇治の茶業者は槙島城に籠る室町幕府最後の将軍足利義昭方と、それを攻める織田信長方とに二分して闘うこととなった。中世宇治茶業者の雄である宇治大路氏や味木《みき》氏などは義昭方に、森氏や新興の上林《かんばやし》氏などは信長方についたものと見られる。その結果、義昭方についた宇治茶業者は、没落や宇治からの敗走を余儀なくされたのである。

その様子をしのばせる文書が、天正十二年（一五八四）正月四日付「羽柴秀吉判物」（『青木氏蒐集文書』）である。そこには「味木氏と宇治大路氏の茶園を、以前上林掃部丞久《ひさ》茂《もち》と森氏両人に管理を申しつけたが、今からはすべて久茂に預け置くので、茶については秀吉の命じるままに進上しなさい」とある。ここで味木氏と宇治大路氏の茶園の管理を以前は上林氏と森氏に命じたとあるが、命じたのは誰で「以前」とはいつのことかを考えると、信長が元亀四年七月の槙島城の戦のあとに命じたというのが一番妥当ではなかろうか。すなわち、味木氏と宇治大路氏は、槙島城の戦で足利義昭方についたために没落し、これらの茶園は織田信長によって没収されたのち、上林・森の両氏に管理を命ぜられたものと想定されよう。さらには天正十年の本能寺の変で信長が亡くなったのち、秀吉が山城国支配を進める中で、上林氏のみに管理を任せることになった、というのがこの文書の意味するところではなかろうか。この茶園の場所が判明しないことが残念ではあるものの、ここで栽培された茶は、宇治大路氏から室町殿へ、上林・森氏から信長へ、上林氏から秀吉へと、代々の為政者たちに献上されていたものと見られる。

土地の集積

宇治茶は、その名前が知られる一方で、茶業の様子や宇治茶師の足跡を記す文書史料の残存率がきわめて悪い。その理由としては、江戸時代に宇治が二度の大火に見舞われたこと、商家は没落しやすく文書が散逸しやすいこと、茶業においては焙炉《ほいろ》紙やボテ、簸《ひ》（箕）などの製茶道具に貼るための和紙が多量に必要で、これには不要となった文書類が使用されていたことがあげられる。

このような中で、戦国期から江戸時代前期の宇治の様子がわかる『宇治堀家文書』（国立歴史民俗博物館蔵）は、きわめて貴重である。

堀家は戦国期から近世にかけて活躍した宇治茶師の一人で、宇治栗隈神明社の祠官家の末流とされている。江戸時代の宇治茶師三仲間では、当初の御袋茶師から元禄六年（一六九三）に御物茶師に昇格した。明治維新後の明治二年（一八六九）には朝廷御用御茶師となるが、明治十九年までに廃業している（『宇治市史三』）。

その『宇治堀家文書』三巻百四十八通のうち、土地の権利書である「土地売券」が約百通で、全体の三分の二を占める。その土地の地目＝利用状況を見ると、茶園ばかりではないことに気が付く。すなわち、一番多いものが田地であり、茶園、畠地、屋敷地、山地の順である。割合としては、茶園は全体の四分の一程度にすぎない。

なぜ、堀家は茶業を主としながら、茶園の購入が思いのほか少なかったのであろうか。その理由は、織豊期までに登場した覆下茶園に求められる。つまり、覆下茶園で茶の栽培を行うためには、覆いを支える支柱となる木材、支柱の間を横に渡す竹材、一重目の覆いとして懸ける簾を作るための葦、筵《こも》を作るための藁、二重目の覆いとしてその上に振る藁が必要であった。また、この覆下茶園の茶葉を摘み、製茶するためには、蒸し場と焙炉場、茶撰《より》場などの製茶場が必要であった。このうち、木材と竹材は山から、藁は田地から供されるものであり、製茶場は屋敷地内の奥の空間などに設けられた。葦だけが近くの巨椋池《おぐらのいけ》から供給された。また、宇治市の碾茶《てんちゃ》農家の福井景一氏のご教示によると、製茶には大量の燃料が必要であり、昭和時代までは、その確保は茶農家の農閑期の仕事であったという。それら大量の燃料である炭や薪《まき》・柴を生み出すものは山である。つまり、覆下茶園で茶の栽培をするためには、茶園だけがあればできるわけではなく、田地も屋敷地も山地も必要であったということになろう。

さらに、田地は茶園に転作することができた。宇治郷に隣接する白川村では、購入した田地を露地茶園に、さらに覆下茶園に転作した例を見る。畠地の購入も、同じ理由が考えられる。

そして、史料から見える茶園のあり方は、見渡す限り茶園が広がるという一円的な景観を呈しているとは限らず、一筆《いっぴつ》ごとにさまざまな地目の土地が隣り合っていた。しかも隣同士に茶園があったとしても、必ずしも同じ保有者であるとは限らず、一筆ごとに保有者が違う場合が見られた。つまり、宇治茶師は一円的に＝一カ所にまとまってではなく、散在的に＝多様な場所に茶園を保有したのである。それはなぜであろうか。日々効率や利便性が求められるわたくしたちは、こうした経営すべき土地が分散している状況を見れば、まず経営効率の悪さを指摘することだろう。しかし、生産者との会話の中から、今でも宇治茶の生産者は、一円的にというよりは、多様な複数の場所に茶園を所有し生産を行っていることを知った。そして、このような経営形態は、デメリットよりもメリットが多いことがわかった。つまり、多様な複数の場所に茶園があれば、災害などからのリスク分散ができるし、多様な味や色の茶ができるため、茶の合組《ごうぐみ》（ブレンド）を行う場合に都合が良いのである。

また、これまでの研究では、これらの茶園は、茶業者が地主として作人から徴収する加地子得分を集めて、それを元手に高利貸しをして得た資金で購入していたと考えられていた（『宇治市史二』）。しかし、『宇治堀家文書』を見る範囲では、地主としての加地子得分もあるが、作人として直接に耕作をする権利を買い集めている場合が多い。この点から、宇治茶師は、当時流行した芸能の「茶の湯」で宇治茶が独占的に使われたことにより、茶業そのもので多くの儲けを出すことができ、その資金をもとに土地を買い増して、さらに生産量を増やすことができたものと見られる。

宇治茶ブランドを守る

また新しいブランドを世に送り出すも、偽物が出る、銘を無断借用するということが生じていたため、これらを防ぐための方策が講じられた。すなわち、天正十二年（一五八四）正月日付で羽柴秀吉、のちの豊臣秀吉に、宇治郷に住む宇治茶師たちにとって有利な禁制《きんぜい》を出してもらった。

第一条は、宇治郷オリジナルの内容であり、「一、他郷の者、宇治茶と号し、銘袋を似せ、諸国に至り、商売せしむ事（を禁ず）」とあるように、「宇治郷以外の者が、宇治茶といって、銘や袋を似せ、諸国で商売をしてはいけない」としている（『京都大学文学部蔵上林文書』）。これは裏を返して考えるべきであり、「宇治郷の者だけが扱う茶が、宇治茶といって、その銘や袋を用いて諸国で商売ができる」ということになる。ここでは、「宇治茶」が宇治郷で栽培された茶であるとはいっていない。あくまで「宇治茶」とは、宇治茶師のもとに集められて、製茶や合組（ブレンド）が行われた茶であり、その産地は、宇治郷だけに限られるものではなく、宇治茶師が保有する宇治郷以外の周辺の村にもまたがっていたことが想定される。つまり、織豊期までに「宇治茶」とは、産地名表示ではなく集散地名表示となっていたのである。

栽培法の改良―覆下茶園の登場

この時期までに、茶園全体に覆いをかけて日光を遮って栽培する「覆下茶園」が登場していた。その様子は、ジョアン＝ロドリゲス『日本教会史』に詳しい。すなわち、

そして使用に供される新芽は、非常に柔らかく、繊細で、極度に滑らかで、霜にあえばしぼみやすく、害をこうむるので、主要な栽培地である宇治の広邑《ヴィーラ》ではこの茶の作られる茶園なり畑なりで、その上に棚を作り、葦か藁かの蓆で全部を囲い、二月から新芽の出始めるころまで、すなわち三月の末まで、霜にあたって害を受けることのないようにする。これから述べるような利益がそこからあがると、商取引が莫大なので、霜害を防ぐことに多大の金額を費やす。

とある。ここに見られるように覆いをする目的は、今日いわれているようにうまみ成分が多い茶葉を作るためではなく、霜よけにあった。

またこの時期、茶の色を良くすることが求められた。すでに蒸し時間を短くする方法を行った事例をあげたが、『日本教会史』によると、水と酒とその他の混合物とで作った漉《こ》し水の湯気の中で蒸すことで「色止め」をしていたようである。むろんこの方法は、今日では行われていない。

茶臼の改良

茶臼については、中世には八分画の縁《ふち》まで目が切ってあるものが主に使われていたが、近世になると縁に目を切っていない磨り合わせの部分を残す周縁平滑《しゅうえんへいかつ》の茶臼が使われるようになる（図32）。これは、宇治の覆下茶園の茶葉に対応した変化と見るべきであろう。茶臼の研究をされている桐山秀穂氏によると、周縁平滑が登場するのは江戸時代前期ごろであるという。

そもそも、覆下茶園の茶葉を使った「抹茶」は、織豊期に一度期に完成したものではない。史料を見ていくと、蒸しを浅くする、覆いをかける、大量に下肥《しもごえ》などの肥料を入れる、茶臼の目の切り方を変える、摘採時期を遅らせるという順に、試行錯誤の末に段階的に変革が行われ、最終的に現在の覆下茶園の茶葉を使った「抹茶」の完成に至るものと見られる。

図32　周縁平滑の茶臼
（京都府茶協同組合所蔵）

（同部分）

宇治茶師の活躍

さらには、宇治茶師の活躍も見逃せない。宇治茶師は、宇治郷に住む者が多く、茶の生産者であり、問屋であり、大名などへの小売りも行い、みずから茶人でもあったように、宇治茶の総合プロデューサーとでもいえるべき役割を果たしていた。江戸時代になると徳川将軍家の御用を務め、天皇家や公家・大名家・有力寺家などへの販売も行い、御物《ごもつ》茶師・御袋茶師・御通茶師の三仲間を形成した。

その宇治茶師による大名への宇治茶の販売は、遠く薩摩国にまで及んでいた。天正十一年（一五八三）六月二十五日には、宇治茶師の藤村勘丞が島津義久へ茶を進上するために行く途中、宮崎城主の上井《うわい》覚兼《かつけん》のもとに立ち寄り、覚兼所有の茶道具を見せてもらい、持参した別儀をみずから点《た》てての簡単な茶会を催している（『上井覚兼日記』）。当時の宮崎は、島津氏の支配下にあった。

この勘丞の子孫は藤村三入《さんにゅう》、のちに上林三入を名乗る御物茶師の家系である。勘丞は、ただ茶を売るだけではなく芸能の「茶の湯」の心得があり、茶を点てることも茶道具談義をすることもできた。つまり、宇治茶師は地方大名や城主クラスに、中央の芸能の「茶の湯」の様子を伝える役割も果たしていたのである。

トップブランド宇治茶

以上のような戦国期から織豊期の改革により、宇治は栂尾《とがのお》を抜いて単独一位の茶の名産地となった。

一方で栂尾高山寺茶園については、永正十五年（一五一八）から永禄四年（一五六一）までの間、川上茶園を含む中坊の所領をめぐる相論が生じていた（拙稿「中世における茶の生産と流通」）。また、公家の山科言継《やましなときつぐ》の日記『言継卿記《ときつぐきょうき》』永禄九年十一月二十五日条に「栂尾閼伽井坊退転に及び、坊領・坊跡・茶園・山林等悉く沽却の間」とあるように、高山寺の中でも有名な茶園を持っていた閼伽井坊の荒廃ぶりがうかがえる。このように、戦国期の高山寺は、寺内の混乱が茶園経営にも影響を及ぼし、結果、トップの地位からの転落を招いたのである。

その影響は、大徳寺の一休宗純《いっきゅうそうじゅん》忌日法要にも表れる。先の十三回忌法要では栂尾茶が使われたが、天正八年（一五八〇）の百回忌法要では「三貫五百四十文　宇治茶　三斤七袋」というより高価な宇治茶が使用された（「一休宗純百回忌下行帳」『大徳寺真珠庵文書』）。ここに宇治茶が、名実ともに単独でのトップブランドとなったのである。

芸能の「茶の湯」の誕生

この宇治茶を使い行われたのが、のちの茶道に繋がる芸能の「茶の湯」である。芸能の「茶の湯」は、いつ誰によって創始されたのだろうか。

最近の研究

神津朝夫氏は、文明十六年（一四八四）八月十三日付『本法寺法式』に見える「茶湯等賞翫《しょうがん》」の「茶湯」が、芸能の「茶の湯」の初見であるとされた。その理由は、「茶湯」は「ちゃのゆ」と読み、独立して「賞翫」される存在になったからであるとされる（『茶の湯の歴史』）。

しかし、「茶湯」は「ちゃのゆ」と読んでも、この時期では、茶を点《た》てるための湯、または釜を中心とした茶道具、そして茶を飲むことを意味していた（拙稿「中世後期「御成」における喫茶文化の受容について」)。それに「賞翫」には「ほめたたえること」の意味もあるが、この場合には「味わうこと」の意味であり、この部分を訳せば「茶などを味わって飲食する」となろう。したがって、この「茶湯」が、作法を伴う芸能の「茶の湯」のことを示すとまではいえない。

今のところ、芸能の「茶の湯」の初見は、『宗長日記』大永六年（一五二六）八月十五日条に見える「下京茶湯」である。同日条でもその後の記事でも「数寄」が使われているように、この時期の「数寄」には、芸能の「茶の湯」の意味が加わるようになっていたのである。

手前を見せない「茶の湯」

芸能の「茶の湯」が成立する前提となる「茶の湯」のあり方には、どのようなものがあったのであろうか、それを確認しておこう。

前章では、室町殿の「茶の湯」として、御成《おなり》の会場となった臣下の邸で、奥の空間に室町殿用の御茶湯《おちゃのゆ》、表の空間に相伴衆用の惣茶湯が用意されたことを述べた。

これに対して、両方ともに表の空間に「茶湯《ちゃのゆ》」が用意された事例がある。それは、奈良興福寺で、二月十日前後の二日間、薪猿楽能《たきぎさるがくのう》の見物在所となる大乗院別当坊で行われる「茶湯」と、十一月二十六日の春日大宮若宮御祭礼の田楽法師能《でんがくほうしのう》で、見物在所となる頭《とう》屋《や》の坊で行われる「茶湯」である。

『大乗院寺社雑事記《だいじょういんじしゃぞうじき》』長禄四年（一四六〇）十一月二十五日条を見ると、大乗院がその年の田楽法師能の頭屋の坊にあたり、四間・中屋の四間・九間を見物の在所とし、中屋の四間庇北には「茶湯」を立て、惣（相伴衆）の茶湯とし、九間に御前用の「茶湯」を用意した。ここで茶湯が用意された中屋の四間・九間は、見物の在所となっているように、いずれも表の空間であった。しかし、それぞれの「茶湯」は屏風で区切られ、客からは点茶者が点てる様子は見えないようになっていたのである。この作法は江戸時代に引き継がれ、寛保二年（一七四二）の『春日大宮若宮御祭礼図』「田楽法師能之図」に、その様子が描かれている。

さらには、天文十五年（一五四六）三月十五日に大坂本願寺の寝殿で行われた證如主催の花見の遊宴では、西九間の北西の二畳に屏風を立て区切り、「本式の茶湯棚」を並べた（『天文日記　證如上人日記』）。この本式の茶湯棚とは、室町殿や御成先で使われた幅が一間（京間の一畳程度）ある台子と見られる。わざわざ「本式」と断っているのは、すでに芸能の「茶の湯」で使用される幅が半間（京間の半畳程度）に縮小された台子が登場しているからであろう。

ここで気を付けたいことは、これらの行事のメインは芸能の見物であって、茶は料理、酒とともに飲食のもてなしの一つにすぎないことである。これは、奈良興福寺衆徒《しゅと》の古市一族が行ったことでも有名な、風呂をメインとする淋汗《りんかん》茶湯と同じ構成である。つまり、芸能に付随した「茶の湯」とでもいえよう。これらの「茶の湯」は、客と点茶者の間を屏風で区切って手前を見せない。このあとには、茶を点てること自体が一つの芸能となり、屏風を外し客に手前を見せる、芸能の「茶の湯」が登場することになる。

珠光の一次史料

芸能の「茶の湯」の成立を見ていくうえで、避けて通れない問題が「珠光」の業績である。

珠光（応永三十年―文亀二年、一四二三―一五〇二）は、室町期の茶匠で侘茶《わびちゃ》の創始者であり、奈良の出身で、少年期に奈良称名寺に入るも、やがて京都に上り、大徳寺の一休《いっきゅう》宗純《そうじゅん》に参禅し、禅を芸能の「茶の湯」の思想的背骨とし、四畳半の茶室を創案するなど、新しい茶会の様式を作り上げたことで知られる（図33）。

しかし、これらの珠光像は、主に後世の茶書などによって形作られたものである。では、一次史料ではどの程度確認できるのだろうか。

まず、一般には「村田珠光」といわれるが、僧侶である珠光には、俗姓と見られる「村田」を付した史料はない。したがって、名前は「珠光」であり、「しゅこう」と読む。すでに永島福太郎氏が指摘されているように、『山科家礼記《やましなけらいき》』の応仁二年（一四六八）から明応元年（一四九二）の間に五件の記事がある。しかし、いずれも茶に関するものではないし、これらの史料がすべて同一人物の侘茶の祖珠光のことを示しているかどうかもわからない。ただ、京都大徳寺の塔頭『真珠庵文書』の延徳三年（一四九一）「真珠庵造立開会真前香銭帳」、明応二年「一休宗純十三回忌出銭帳」に名前が見られるように、真珠庵の重要な行事には寄付を行っていることから、一休宗純との師弟関係は証明できよう。

図33　珠光画像（栗原信充『肖像集』より）

さらに、永正七年（一五一〇）「一休宗純三十三回忌出銭帳」には珠光の名前がないこと、永正九年「真珠庵過去帳」の五月十五日の忌日の条には「珠光庵主」とあることから、没年は明応二年から永正七年までの間の文亀二年（一五〇二）とされることには齟齬はなく、忌日も五月十五日となる。

また、『禅鳳雑談』永正九年十一月十一日

条には、金春禅鳳《こんぱるぜんぽう》が奈良中市の坂東屋での雑談で、「珠光の物語とて、月も雲間のなきは嫌にて候。これ面白く候」と語ったとある。ここから珠光の行った「茶の湯」の精神性は推し量ることができても、その具体像を知ることは難しい。

そして、「心の一紙」（心の文）であるが、橋本雄氏が指摘されたように、内容的には禅宗を反映したものであり、和物だ唐物《からもの》だとことさら執心することを諌めたもので（「珠光「心の一紙」を読む」）、「和漢の境を紛らかし」もその場にふさわしい取り合わせで道具を使うべきであることを論じている。ただし、この史料は現在も原本が行方不明になっているなど、その信憑性に気がかりが残る（永島福太郎『続々茶道文化論集　初期茶道史覚書ノート』）。

このように、珠光という人物が存在し、大徳寺真珠庵の一休宗純と師弟関係にあったこと、あるいはその精神性は推し量ることができるが、侘茶の祖としての具体的な活動は明らかにできない。その一方で、これを否定できる材料もない。ただ後述するように、室町殿の「茶の湯」から芸能の「茶の湯」への室礼《しつらい》や作法の変化の中に、おぼろげながら珠光の茶人としての足跡を見ることができる。

京都衆の顔ぶれ

その室町殿の「茶の湯」から芸能の「茶の湯」への室礼や作法の変化を見る前に、珠光の後継とされる世代について少し述べておきたい。

十六世紀の初めに登場した芸能の「茶の湯」は、当初、京都・堺・奈良を中心に展開された。特に首都京都は、政治・経済・宗教・文化の中心地であり、公家・武家・寺家といった在京権門たる都市領主層が集住する場所である。そして、上京・下京において一定の自治権を行使する町人層の成長も著しい時代にあたる。その下京町人の経済力や政治力を背景に芸能の「茶の湯」が広がりを見せることになる。

そこで、珠光の弟子の世代にあたる、十六世紀前半に活躍した京都衆の活動について見ていきたい。京都衆にはどのような人たちがいたのであろうか。

まず、同時代の茶書「池永宗作への書」には、「常翁（紹鷗）は珠光・宗珠・宗悟又は京都に心蔵主と云人あり」とあり、紹鷗は、珠光・宗珠・十四屋宗悟・心蔵主の影響を受けてこれを再編成して紹鷗流を作り出したとある。ここに、宗珠、十四屋宗悟、心蔵主の名があがる。ただし、この史料はすでに『茶道古典全集』に翻刻・収録されているものの、山田哲也氏が校訂者の西堀一三氏の恣意的な編集が見られることを指摘されているため、今後十分な史料批判が必要となる（「『茶道古典全集本』紹鷗・宗作茶書について」）。

次に後世の「茶書」を見る。まず、千利休の弟子である山上宗二《やまのうえそうじ》が書いた『山上宗二記』には、千本の道提、粟田口の善法、宗珠、下京の十四屋宗悟《じゅうしやそうご》、大富善好、鳥居引拙、藤田宗理の名があがる。一方、偽書との評価もあるが元禄三年（一六九〇）に立花実山が編集した『南方録』には珠光の弟子として、十四屋宗陳、十四屋宗悟の名があがる。

「数寄の上手」宗珠

これら京都衆の中でも注目されるのは、珠光の後継とされる宗珠の活動である。宗珠の茶人としての評判は、連歌師宗長の『宗長日記』大永六年（一五二六）八月十五日条に記されるところで、

下京茶湯とて、此比数寄など言いて、四畳半敷・六畳敷を各々興行す。宗珠差し入れ、門に大なる松有り、杉あり。垣のうち清く、蔦落葉五葉六葉色濃きを見て、

今朝や夜の嵐をひろふはつ紅葉

此発句かならず興業など　あらましせしなり。

とある。宗珠の「茶の湯」は「下京茶湯」「数寄」と呼ばれていた。

宗珠の「茶の湯」を評価したのは、宗長だけではない。たとえば、公家の鷲尾隆康の『二水記』を見ると、大永六年八月二十三日条には、隆康が青蓮院に行ったときに池の中島で「御茶」があり、そこには「当時数寄」といわれる宗珠が控えていた。彼は下京の

「地下入道《じげ》」であり、「数寄の上手」であったと評価されている。この場合「御茶」とは闘茶のことであり、地下入道とは、位階、官職など公的な地位を持たない無位無官の僧侶の意である。茶人となった宗珠が、引き続き僧侶であったことがわかる。

さらに享禄四年（一五三一）三月十二日条を見ると、隆康は青蓮院門跡の尊鎮入道親王などと因幡堂参詣のあとに池坊の花を見学し、次いで宗珠の宿所を見学している。ここでも宗珠を「当時数寄の上手」で「天下一の者」であると評価し、実際に宿所を見たところ大変に目を驚かすものであったと記している。

天文元年（一五三二）九月六日条でも、隆康は青蓮院門跡や竹内門跡と因幡堂薬師を参詣したあと、宗珠の茶屋を見物している。その様子は「山居の躰尤《ていもっと》も感あり」であり「誠に市中の隠と謂うべし」という風情で、ここでも「当時数寄の張本なり」と評価している。

このように十六世紀初頭の公家や門跡は、みずからは闘茶を行いつつも、新しい芸能である「茶の湯」を認める姿勢が見られた。

なお、宗珠の甥の村田三郎右衛門は、下京四条に住み「奈良屋」を号した。さらに、天文八年に奈良興福寺多聞院の英俊が、栂尾《とがのお》開帳のため上洛した際に、この三郎右衛門所を宿所としている（『多聞院日記』天文八年十月二十八日条）。このように、珠光の孫の代でも、珠光の出身地である奈良との関係が続いていた。

六角町の十四屋

次に下京の十四屋宗伍について見ていこう（図34）。すでに『原色茶道大辞典』などが指摘しているように、十四屋宗伍が開いた茶会の記事は『松屋会記』天文六年（一五三七）九月十二日条の一件だけである。

これまで「下京」の住人として知られていた宗伍だが、もう少し詳細な居住地がわかる。天文三年四月晦日付「養徳院領田地幷地子帳」（『大徳寺文書』一一三五）に「大李(覚)壱段、六斗、前と同じ、損免行うべからず。百姓六角町十四屋」とあり、「六角町十四屋」なるものが、大徳寺養徳院領で京都郊外にある田地の百姓職を保有していた。ここに見える「十四屋」とは、時代的にいって十四屋宗伍のことと見られる。これにより、宗伍が六角町の町人であることがわかる。この六角町は新町通六角にあり、となりの三条町とともに、富裕者層が多く住む町として知られる。鎌倉時代から室町時代にかけて六角町には近江国粟津《あわづ》橋本供御人《くごにん》が住み、魚介類の販売を行っていた。宗伍が近江国出身で建部氏であるという説があるが、事実かどうかは別にして、六角町の町人であることと関連しているのかもしれない。

また、『松屋会記《まつやかいき》』天正七年（一五七九）四月八日条には、宗伍の後継者の宗知が「京三条」に住んでいたとある。これは住まいが三条通に面しているか、三条町内にあるかのどちらかであろう。いずれにしても六角町と隣接していることから、十四屋宗伍が六角町町人であることとは齟齬がない。また、十四屋の生業はわからないが、六角町の町人であることから富裕層の可能性が高い。

このように見ていくと、十四屋宗伍は一部で同一人物といわれている、現下京区室町通仏光寺上ル東側が邸宅跡とされる松本宗悟とは、『原色茶道大辞典』の記載のとおり別人

図34　十四屋宗伍画像
（大日本茶道学会所蔵）

の可能性が高い。

京都衆と大徳寺

宗珠や十四屋宗伍の例を見るように、京都衆と大徳寺との関係は深い。まず、宗教面では「宗珠」「宗伍」以下通字の「宗」は、古岳宗亘《こがくそうこう》など大徳寺派の僧名の通字であり、両者が師弟関係にあることを示している。そして、この師弟関係をてこに京都衆はことあるごとに大徳寺に献金するなど、寺院経済を支えていた。

では、これらの資力の出どころとして、京都衆はどのような生業を営んでいたのであろうか。十四屋宗伍が六角町に住む富裕層であることを示したが、宗珠の後継者とされる村田宗印の場合を見てみよう。天文十五年（一五四六）から永禄二年（一五五九）ごろには、一休派末寺の越前国福松の深岳寺から真珠庵へ、鹽噌料として毎年十貫文が運上されることになっていた。このうち天文十七年分の五貫五百文は、「下京宗印替　真珠納所　俊首座」とあるように、京都下京の村田宗印の所で越前からの為替を換金して、真珠庵の納所に納入されていた。ここに村田宗印は、下京で金融業を営んでいたことが明らかになる（永禄二年四月日付「真珠庵鹽噌料進未勘定注文」『真珠庵文書』）。

このように、京都衆には金融業などを営む下京富裕層が見られ、その財力をもとに、大徳寺に対して宗教面・経済面にわたって直接的な支援を行っていたのである。

一方で大徳寺は、芸能の「茶の湯」の精神的支柱となり、彼らの新しい芸能活動を支えていた。その理由としては、これまでにいわれているように、その精神性と禅宗の教義とが合致するところがあったからであろうが、前述のように、禅宗だけが茶を生産する、給仕するなど茶に関する仕事を、下働きと見なさないことも影響していたのではなかろうか。

次に、室町殿の「茶の湯」から芸能の「茶の湯」へと至る流れの中で、その第一段階として、芸能の「茶の湯」の中の台子手前の成立に関わる作法の変化について考えてみたい。芸能の「茶の湯」は、唐物も和物も使う「台子手前」と、和物を中心に使う「侘茶手前」からなる芸能である。そのうちの台子点前は、現在の茶道の中にも見られ、総じて口伝（口頭伝達）の稽古である相伝・奥伝として、上級の点前に位置付けられている。

建盞と天目

その分析の前提として、茶を飲むために使用される碗の変化と、それに伴う分類の変化について見ておきたい。

以前の茶道史では、建盞《けんさん》も天目《てんもく》も「天目茶碗」に分類されていた。つまり、昭和三十一年（一九五六）の桑田忠親『茶道辞典』「天目茶碗」には、「本来天目茶碗と呼ばれるものは、中国福建省の建窯で焼かれた建盞をさし、鎌倉時代、浙江省天目山にあった禅刹に留学した僧が、そこで喫茶用につかわれていた建盞を持ち帰り、天目山で使っていた茶碗であるところから天目と呼ぶようになったものと考えられ」とあり、『原色茶道大辞典』でも同様の記載があるように、この説が定着していた。しかし、これはあくまで戦後に登場した推論であるため、これを史料に則して修正する必要があった。

まず、『君台観左右帳記《くんだいかんそうちょうき》』の東北大学狩野本を見ると、土のもの（陶器）と茶垸（磁器）に分類されている。陶器としては、曜変《ようへん》・油滴《ゆてき》・建盞・烏盞《うさん》・鼈盞《べつさん》・玳玻《たいひ》・天目（灰《はい》被《かつぎ》など）に分類されている。磁器としては、青磁・白磁などに分類されている。

次に、文明八年（一四七六）の奥付があるものの、狩野本より時代が下がる『君台観左右帳記』群書類従本では、土物類として、曜変・油滴・建盞・烏盞・鼈盞・能皮盞・灰潜・黄天目・只天目・天目とある。さらに天目は、灰被・黄天目・只天目・天目に分類されている。しかもそのあとに「天目」とあり二碗が描かれ、一方には「建盞はいとじり一文字にて。そこくろし。伊勢天目のつくりけんさんにたり」とある。このように天目でも灰被や黄天目・只天目などの種別が書かれ、国産の伊勢天目が出てくることから、群書類従本が書かれた時期には、すでに芸能の「茶の湯」が誕生しているものと見られる。

さらに、永正十六年（一五一九）の奥付がある『君台観左右帳記』芸大１本の「茶湯棚図」の第三条には、「ただし現在のように、土の物道具・天目・黒ぬりの台の類はいっさい用いない。もともとは、大名の御前へも出してはいけないものであった」とあるように、この時期の芸能の「茶の湯」では、陶磁器製の茶道具（水指《みずさし》か）や天目や黒塗りの天目台が使われていたことがわかる。

永禄七年（一五六四）の『分類草人木』では、建盞（曜変・油滴・建盞）と天目（灰被・黄天目・天目）に分類されている。『山上宗二記』では、天目（灰被・黄天目・只天目）と建盞（曜変・油滴・烏盞・鼈盞・玳玻）に分類し、「茶碗の事」としては、銘が付いた碗が列記されるようになる。ここで「茶碗」は、本来陶器である高麗茶碗が加えられたことにより、陶磁器を示すようになった。

ちなみに、『日葡辞書』の「茶碗」の項には、「陶磁器の碗、すなわち、陶土の碗」とあり、「物別、茶碗の事、唐茶碗は捨てたるなり。比さえ能く候えば、数寄道具に候なり。拙子悉く拝見申し候。なお以って口伝にこれあり」ともある。そのため、同書の「天目」の項には「茶や薬などを飲むのに使う、日本の茶碗」とあるが、「建盞」の項はない。すっかり碗の主流は、天目となっていたのである。

近世では、万治三年（一六六〇）の『玩貨名物記』「御天目」に、「一めうこくち　一と

みた　一ようへん　一はいかつき　一たてひやしる」とある。「めうこくち」「とみた」は不明であるが、建盞の曜変と天目の灰被・蓼冷汁がともに天目に分類されている。

近代では昭和八年、高橋龍雄『茶道』で、茶碗は中国・朝鮮・日本に分類し、さらに中国は天目・青磁・染付に分類、天目は曜変・油滴・玳皮盞・灰被・建盞に分類した。

多用されていた天目

このように、中世では、建盞は天目とは明確に区別されて、その上位に分類されていた。室町殿の「茶の湯」では、建盞と建盞台が使われていた。

ところが、今井敦氏が指摘されるように、芸能の「茶の湯」で天目の価値を評価したことから、「天目」が建盞と天目を含む用語となり、以後、建盞も「天目」に分類されるようになる（「天目」）。たとえば、天文二年（一五三三）に始まる奈良の塗師《ぬし》松屋の『松屋会記』、天文十七年に始まる堺の豪商津田家三代の『天王寺屋会記』を見ると、台子手前では建盞よりも天目と天目台が多く使われている。

ここではよく、なぜそれまで室町殿の「茶の湯」では評価が低かった天目が、芸能の「茶の湯」では評価を高め取り入れられたのであろうか、という問いが出される。確かに、『君台観左右帳記』では天目が「上には御用なき物にて候」＝室町殿では必要のないものであると評価されている。しかしこの時代、室町殿以外の場所では、すでに天目は多用されていたということを忘れてはいないだろうか。たとえば、前述のとおり、畳に座る僧侶をもてなすために目の前で茶を点てる作法について述べた『宗《そう》五《ご》大艸紙《おおぞうし》』のくだりでは、長老には建盞で茶が出されるが、相伴衆には天目で茶が出される。また、京都嵐山の臨川寺旧境内の倉庫跡と見られる場所からは、十五世紀の天目が百二個出土しているが、一部が唐物で大方が国産の瀬戸焼であった（『日本人と茶』）。このように、室町時代の寺院社会では多くの天目が使われる環境にあった。珠光や宗珠など寺院社会出身のあるいは寺院社会と関わりの深い茶人たちにとっては、茶を飲むために天目を使用することは、それこそ「日常茶飯事」であったことであろう。茶人たちが芸能の「茶の湯」に灰被以下の天目を取り入れるうえでも、その意識のハードルは低かったのではないだろうか。

さらに「茶碗」が中世では磁器を示していたが、芸能の「茶の湯」の成立により、まず陶器である高麗茶碗がこれに含まれるようになり、陶磁器を意味するようになる。さらに「茶碗」の意味が広義のものとなり、陶器の天目にも適用され、「天目茶碗」の名称が生まれたものと見られる。

「茶の湯」の台子手前の成立

それでは、室町殿の「茶の湯」と芸能の「茶の湯」では、どのような違いが見られるだろうか。

まず、内容の構成であるが、前者では茶は正式な進行内容にはなく、イレギュラーであるか奥向きで点てられるものから、後者では茶を点てて飲むことが進行内容のメインとなる。

次に、会場は御休息所から茶室へと変わったことで、畳を敷き詰め、軸や花を飾る床の間が常設され、屏風が取り払われ風炉先《ふろさき》となり、手前が見えるようになる。その結果、左右の勝手が生まれる。勝手とは、本来の意味としては水屋のことであるが、勝手が手前座のどちらにあるかによって、道具の置き方や手前の作法が変わるものであり、現在の千家流では左勝手が主であり、右勝手を逆勝手と称する。

道具の変化としては、使われる碗が建盞から天目中心へと変化し、これに高麗茶碗も加わり、嗽茶碗・手ぬぐいかけ・棕角盥・紙といった洗面具が取り払われ、一部は蹲《つくばい》となって露地へと降りた。一間の茶湯棚・台子が、半間の台子などに縮小化され、薄茶《うすちゃ》と濃茶《こいちゃ》の別ができたために、薄茶器が使われた。春から秋までは、これまでどおり風炉に釜をかけて使われたが、冬から初春には囲炉裏、のちに炉に釜をかけて使われるようになった。

香木は、室町殿の「茶の湯」では香炉で焚かれていたものと見られるが、それが芸能の「茶の湯」では風炉・炉の中で焚かれるようになる。

そのようなたくさんの創意工夫の過程で、これまでともに室町殿の室礼を記したとされてきた武家故実書の『君台観左右帳記』と『御飾記《おかざりき》』であるが、室町時代成立の『君台観左右帳記』の系統本と、芸能の「茶の湯」成立以後の『御飾記』の系統本では、相違点があることに気が付いた。それは水翻《みずこぼし》（建水）の扱いである。この変化は何を意味しているのであろうか。そこでこれらの史料に、芸能の「茶の湯」の作法を記す「茶書」加えたうえで、作法の変化について見ていきたい。

まず、『君台観左右帳記』の系統本の文明八年（一四七六）三月十二日付能阿弥著とする慶応大学本と群書類従本、永正八年（一五一一）十月十六日付真相（相阿弥）著とする千光堂宛三徳庵本・慈照寺本と東北大学狩野本、永正十六年十一月日付真相（相阿弥）著とする芸大1本では、茶器は建盞で、建水を違棚（台子）の中に飾ることはない。

ところが大永三年（一五二三）正月二十八日付で宗珠の著とされる『茶湯道具事書』は、奥付の年紀が『君台観左右帳記』の系統本と『御飾記』の系統本との間にあるが、碗は「天目」であり、建水は台子下段に置かれ、台子手前として、右構・左構（右勝手・左勝手）の別が見られる。これは、明らかに芸能の「茶の湯」の影響を受けているものと考えられる。

そして、相阿弥（真相）著とされる『御飾記』の原型である大永三年十一月日付真相三千院本・三徳庵本・池坊文庫本、大永三年十二月吉日付華道文庫2本、『御飾記』の大永三年十二月九日付京都大学図書館本・群書類従本では、碗は建盞であり、引き続き洗面具を描くものの、建水は台子下段に置かれる。室町殿の「茶の湯」ならば、建水は台子には置かれることはないが、ここでは芸能の「茶の湯」に影響されて置かれたものと見られる。奥付の日付は戦国期のものであるが、内容からは『君台観左右帳記』より下がるとされる理由はここにもあろう。

これ以後の「茶書」では、永禄七年（一五六四）正月付真松斎春渓『分類草人木』、永禄九年十一月二十八日付『古伝書』では、碗は天目で、建水は台子下段に置かれる。『古伝書』では、台子手前として、主に金物を使う上八段、陶器も使う中八段・下八段の別が見られるようになる。これらがさらに変化し、のちの茶道における真台子、行台子などの手前の成立に繋がるものと見られる。

では、なぜ室町殿の「茶の湯」と芸能の「茶の湯」では、建水の扱いが違うのであろうか。室町殿の「茶の湯」では、『君台観左右帳記』東北大学狩野本の記述にもあるように、建水（水翻）は、れっきとした茶道具に含まれていた。しかし、使用済みの水を入れるために茶湯棚や台子に上ることはなく、同様に使用済みの水が入ることとなる洗面具とともに、茶湯棚や台子の手前の畳の上に置かれた。そして、芸能の「茶の湯」では、洗面具いっさいが取り払われたために、残された建水は、本来は茶道具であることもあり、飾り置くときには、蓋付きの容器である合子を使用するか、蓋がない場合には清めることを条件として、台子に上ることとなったのではなかろうか。

この建水の扱いの変化をはじめとして、芸能の「茶の湯」が誕生するまでには、たくさんの創意工夫が見られた。今後は室町殿の「茶の湯」と芸能の「茶の湯」を比較し、その変化した作法を一つずつ検証することによって、芸能の「茶の湯」の成立過程を明らかにしていきたい。

喫茶文化史のこれから――エピローグ

本書を終えるにあたって、喫茶文化史における、今後の課題を見ておこう。

芸能の「茶の湯」の構造

中世の喫茶文化史を見ることとは、渡来文化の日本定着化の歴史を見ることであり、最終的には日本文化とは何かを問うことになる。

中世の日本には、平安時代前期に伝来した唐風喫茶文化と、鎌倉時代初期に本格的に伝来した宋風喫茶文化、これら二つの喫茶文化が重層的に存在していた。これらの喫茶文化は、中世を通じて各地で受容され、一般化した。その経路は、これまでの茶道史の通史でいわれていたように一筋ではなかった。生産面では、栽培と製茶の技術が何ども伝播・受容され、南北朝期までには、東北地方を除く北関東から九州地方までの各地で茶の生産が行われるようになった。消費・文化面では、遊芸の闘茶、宗教儀礼の葬祭儀礼・茶屋、政治儀礼の饗応などの複数の経路があった。その結果、戦国期までには、「日常茶飯事」の時代、すなわち茶を庶民が日常的に飲むことができる時代が到来したのである。

このようにして、一般化された喫茶文化は、それを基礎として、いくどものイノベーションを重ね、中近世移行期には、新しい喫茶文化を生み出すに至った。それが、生産面では、宇治で覆下《おおいした》茶園の茶葉を使った「抹茶」であり、消費・文化面では芸能の「茶の湯」であった。

殊に、芸能の「茶の湯」の成立は、これまで茶道史でいわれているような、室町殿の「殿中茶湯」からこれを否定した芸能の「茶の湯」へ変遷ではなかった。芸能の「茶の湯」とは、室町殿の「茶の湯」をリスペクトしその影響を受けながらも、これとは別に、唐物《からもの》も和物も使う「台子手前」と、今回触れることができなかった、和物中心の「侘茶《わびちゃ》手前」からなる、まったく新しく創始された芸能であった。この新しい喫茶文化である芸能の「茶の湯」は、新しい時代を象徴するにふさわしい芸能・作法として統一権力にも認められ、積極的にその饗応儀礼に取り入れられていく。今回は芸能の「茶の湯」の成立過程については、その概要しか描くことができなかったが、今後はよりいっそう詳細な検討を加えて、その特質と喫茶文化史における位置付けを明確にしていきたいと思う。

地域の喫茶文化

今回触れることができなかったのが、地域の喫茶文化史、すなわち各地域の生産・流通・消費の歴史である。その地域では、どのような喫茶文化を受容し、どのように地域独自の喫茶文化を創造したのか。その背景にはどのような政治的・社会的理由があるのか。また、それは全国的な状況と比較してどのような位置付けにあるのかを、積み上げていく必要がある。

たとえば、現在、茶業界にあって、生産量がトップであり、業界のリーダー的存在である、静岡県を例にとってみよう。

俗に静岡の茶の歴史は、聖一国師＝円爾が、足久保に茶実を蒔いたことに始まるといわれる。しかし、これは一次史料では確かめることができない「伝説」である。そして、そのあとの中世は飛ばされ、次に大御所徳川家康の時代に駿河茶が献上茶となったことを述べ、さらに幕末から明治期の牧之原台地の開墾や横浜港からの輸出、大正期からは清水港からの輸出によって茶業が栄えたことが語られる。

ところが、生産の史料を示す史料は、南北朝期の『異制庭訓往来《いせいていきんおうらい》』に茶の名産地として「清見」があげられているのを初見とし、戦国期までの間に、静岡県全域、旧国名でいえば、伊豆国・駿河国・遠江国で茶を生産していたことが確認できる。

流通も、貞治元年（一三六二）十月五日に、摂関家勧学院領遠江国山名郡浅羽庄（現静岡県袋井市）の地頭職を持つ柴入道重西から、領家職を持つ京都の中原師茂へ「志」、すなわち礼物として茶が送られた記事が見られる。地方である遠江の茶が、中央の京都に上っているのである（拙著『日本茶の歴史』）。

また、消費でいえば、寺院法会の葬祭儀礼での茶の使用が確認されている。絵画史料には伊豆国の茶屋が描かれ、また、茶屋を舞台とした物語も記されている。

これら中世の静岡県域の状況は、全国レベルから見ると、きわめて標準的な状況にあったといえる。

静岡以外の地域でも高僧などに仮託された伝説があろうし、近代の輸出産業として茶業が栄えた記憶も残っていよう。しかし、そのような伝説の成立の背景はあらためて分析するとして、まずは各地で茶の生産が始まった中世の史料を冷静に分析してみる。すると、過剰評価も過小評価もされることのない、その地域本来の喫茶文化史が浮かび上がってくるはずである。また、その過程で、伝説の成立の背景も見えてくることであろう。

最後に、他分野との連携や共同研究における課題についても触れておきたい。

他分野との連携

喫茶文化史は、それだけで完結する分野ではない。日本史の中では、政治史・経済史・宗教史・環境史などの、隣接するあらゆる分野に学ぶことができ、また、それらの分野と連携することができる。

中国史をはじめとする世界史との連携も重要である。中世の喫茶文化史を見ることは、渡来文化の日本定着化の歴史を見ることであり、最終的には日本文化とは何かを問うことになるとしたが、当然のことながらその先には、東アジア文化圏における位置付けという課題が待っていよう。

それだけではない。たとえば、筆者が関わった京都府の世界遺産暫定一覧表記載資産候補に関わる提案「宇治茶の文化的景観」、すなわち宇治茶の文化的景観（茶園・茶工場・茶問屋など）を世界文化遺産にしようとするプロジェクトの中では、農学・歴史地理学・建築学など、人文系だけではなく理系の研究者と調査研究をすることとなった。さらには、茶業界でも宇治をはじめとする茶産地では、直接・間接的に研究成果を取り入れた事業展開を考えるところもある。

そのようなさまざまな分野を超えての研究や、あるいは産業界と連携する仕事の場で感じたことは、喫茶文化史全体の研究の立ち遅れである。そこで要求されることは、中世に限られるというよりは、全時代にわたることのほうが多い。それにもかかわらず、先行研究がない時代もあることが現状である。全時代を通じての研究が進まないことには、他分野で喫茶文化史を必要とされた場合、これまでの茶道史中心の通史が使われることになり、その結果、実態とは違う結論が導き出されてしまう可能性がある。筆者はあくまで日本中世史が専門であり、とうてい筆者一人で全時代、全項目を網羅できるものではない。したがって、文献史学の基礎を踏まえた研究ができる、各時代における喫茶文化史の研究者が出現することを、心から願うものである。

あとがき

私は茶産地に育てられた研究者である。

私と宇治茶の世界とのご縁ができたのは、二本目の論文を書いた二〇〇二年ごろ、宇治市歴史資料館の展示を見に行き、そこで同館の坂本博司氏に、宇治茶の生産の現場を見るように誘われたことに始まる。最初に連れて行っていただいた場所は、宇治市白川にある京都府茶業研究所で、そこで行われていたのは、宇治手もみ製法の研修会であった。製茶は、現在は機械で行われているが、その基礎となっている手製での製茶技術を後進に伝えることを目的としている。今から考えると驚くほどの宇治茶業における重鎮たちが参加されていたことになるが、その時は右も左もわからず、とにかく目の前の状況をカメラにおさめることに必死であったかと思う。その後も、茶臼の研究会の書記役を仰せつかり、それがきっかけで茶業研究所において人生初の講演をさせていただいた。さらにそれがきっかけで、という具合に多くのご縁をいただき、今日にいたる。

これらの経験がなければ、生産・流通・消費のうち、これまでの研究史で一番手薄の生産や流通の知識を得ることもかなわず、これらを一貫して見るとする喫茶文化史も成り立ち得なかったのではないかと思う。

私は京都という町に育てられた研究者である。

私の住む京都には、喫茶文化史研究のヒントが、さりげなくそこかしこにある。たとえば、茶屋の論文を書くきっかけになったのは、本書にも登場させた節分の際の熊野神社の境内に登場する接待茶屋に出会ったからである。あれは、八坂神社の節分会に行った帰りのバスに乗っていた時のこと、車窓から偶然にも「無料休憩所　茶菓のせったい」なる看板を目にし、直感的に「これだ」と思った。そして、あわてていっしょにいた、まだ幼かった息子の手を無理やり引いてバスを降りたという思い出もある。

そのほか、六角堂をはじめとする寺社の茶所、祇園祭の荷茶屋、白雲神社の扁額など、京都で生活するがゆえに偶然に目にし、そこで知り得た情報を研究の手掛かりとしたことは、例挙にいとまがない。

私は茶の生産者だけではなく、茶の愛好者にも育てられた研究者である。

一般向けには、自主講座「お茶の歴史講座」を開講し、京都教室は二〇一三年から一五年までの二年間で二十四回、鎌倉教室は二〇一三年から一五年までの二年間で十二回、名古屋教室は二〇一五年から一七年までの二年間で二十四回を行った。さらには、日本茶インストラクター協会の各ブロックや支部、生産者団体などでも講演させていただき、生産者のほか、日本茶インストラクター・アドバイザーをはじめとする日本茶愛好者、茶道愛好者、中国茶愛好者、紅茶愛好者、その周辺で菓子・陶芸などに関わる方など、日本茶の歴史を知りたい、興味があるという、たくさんの方にご参加いただいた。ことに「お茶の歴史講座」は、史料を読む楽しさを実感した受講者が、それぞれの立場から意見や質問を活発に交わす場所となり、講師である私自身にもおおいに勉強になった。

この講座の内容は、大学での講義内容を基に、さらに回数分、内容を充実させたものであり、本書の内容の基となっている。

そして、茶道でも表宗泰先生、長谷川宗初先生の素晴らしい二人の師に巡り合えて、四十二歳から楽しく稽古をさせていただいている。先生方のご配慮により、順々に許状をいただき、九年目には茶名もいただき、奥伝の稽古もさせていただけることになった。このおかげで、本書最終章の「芸能の「茶の湯」」の部分を書くことができたのである。

このように、茶を通じて出会ったたくさんの方々のおかげで、私の喫茶文化史は成り立っているといえよう。皆さまには、心から感謝を申し上げたい。このご恩に報いるためにも、今後もさらに研究に精進し、日本中世喫茶文化史を完成させたいと思う。

なお、本書刊行にあたりお世話になった吉川弘文館編集部石津輝真氏、伊藤俊之氏に御礼を申し上げたい。

二〇一七年十一月

橋本素子

参考文献

喫茶文化史へのいざない――プロローグ

茶の湯文化学会編『講座日本茶の湯全史』第一巻・中世、思文閣出版、二〇一三年

布目潮渢『中国喫茶文化史』（『同時代ライブラリー』二二四）、岩波書店、一九九五年

橋本素子「鎌倉時代における宋式喫茶文化の受容と展開について―顕密寺院を中心に―」（『寧楽史苑』四六、奈良女子大学史学会、二〇〇一年）

橋本素子『日本茶の歴史』（『茶道教養講座』一四）、淡交社、二〇一六年

院政期から鎌倉時代の喫茶文化

石田雅彦「『関東往還記』に云う〝儲茶〟について」（木芽文庫編『茶湯―研究と資料』一七、思文閣出版、一九八一年）

榎本　渉『僧侶と海商たちの東シナ海』（『講談社選書メチエ』四六九）、講談社、二〇一〇年

大庭康時他編『中世都市・博多を掘る』海鳥社、二〇〇八年

神津朝夫「鎌倉時代の点茶法」（『日本文化史研究』三八、帝塚山大学奈良総合文化研究所、二〇〇七年）

祢津宗伸「鎌倉時代禅宗寺院の喫茶」（村井章介編『東アジアのなかの建長寺』勉誠出版、二〇一四年）

橋本素子「中世における茶の生産と流通」(西村圭子編『日本近世国家の諸相』東京堂出版、一九九九年)
橋本素子「中世茶の生産について—『金沢文庫古文書』を中心に—」(『鎌倉遺文研究』三四、鎌倉遺文研究会、二〇一四年)
村井康彦『茶の文化史』(『岩波新書』八九)、岩波書店、一九七九年
『栄西と中世博多展』図録、福岡市博物館、二〇一〇年
『鎌倉時代の茶』展図録、神奈川県立金沢文庫、一九九八年
『茶と金沢貞顕』展図録、神奈川県立金沢文庫、二〇〇五年
『中世東国の茶』展図録、神奈川県立歴史博物館、二〇一五年
『武家の都鎌倉の茶』展図録、神奈川県立金沢文庫、二〇一〇年

室町時代の茶の生産

岩間眞知子『喫茶の歴史—茶薬同源をさぐる』(『あじあブックス』七五)、大修館書店、二〇一五年
岩間眞知子「日本と中国の蠟茶と香茶」(『茶の湯文化学』二七、茶の湯文化学会、二〇一七年)
宇治市歴史資料館編『宇治茶の文化史』宇治市教育委員会、一九九三年
大石貞男『日本茶業発達史』(『大石貞男著作集』一)、農山漁村文化協会、二〇〇四年
笹本正治『異郷を結ぶ商人と職人』(『日本の中世』三)、中央公論新社、二〇〇二年
沢村信一「覆い下栽培の成因に関する一考察」(『茶の湯文化学』二一、茶の湯文化学会、二〇一四年)

永田尚樹「古記録に見る室町時代の茶礼について」（『芸能史研究』一三四、芸能史研究会、一九九六年）
丹生谷哲一「一服一銭茶小考」（『立命館文学』五〇九、立命館大学人文学会、一九八八年）
橋本素子「中世茶園について」（『年報中世史研究』三一、中世史研究会、二〇〇六年）
橋本素子「中世における茶の生産について」（『茶の文化』九、全国茶商工業協同組合連合会、二〇一〇年）
山本正三『茶業地域の研究』大明堂、一九七三年

室町時代の茶の消費と文化

家塚智子「同朋衆の存在形態と変遷」（『芸能史研究』一三六、芸能史研究会、一九九七年）
家塚智子「同朋衆の職掌と血縁」（『芸能史研究』一四一、芸能史研究会、一九九八年）
神津朝夫「闘茶の方法とその発展」（『研究紀要』一七、野村美術館、二〇〇八年）
下津間康夫「闘茶と聞香」（松下正司編『よみがえる中世』八、平凡社、一九九四年）
筒井紘一「闘茶の研究」（木芽文庫編『茶湯―研究と資料』一、すみや書房、一九六九年）
橋本素子「室町時代農村における宋式喫茶文化の受容について」（『年報中世史研究』二七、中世史研究会、二〇〇二年）
橋本素子「中世の茶屋について」（『洛北史学』一一、洛北史学会、二〇〇九年）
橋本素子「中世後期葬祭儀礼における喫茶文化について」（『寧楽史苑』五五、奈良女子大学史学会、二

〇一〇年）
橋本素子「室町時代政治儀礼における茶の作法について」（茶文化研究発表会実行委員会編『女性研究者による茶文化研究論文集』茶文化研究発表会実行委員会、二〇一三年）
橋本素子「中近世京都における喫茶文化の一般化について―寺社との関係において―」（『新しい歴史学のために』二八二、京都民科歴史部会、二〇一三年）
橋本素子「中世後期「御成」における喫茶文化の受容について」（『茶の湯文化学』二六、茶の湯文化学会、二〇一六年）
橋本　雄「室町日本の外交と国家―足利義満の冊封と《中華幻想》をめぐって―」（『日本史研究』六〇〇、日本史研究会、二〇一二年）
三上喜孝「東北地方の闘茶札と鎌倉」（『中世寺院の姿とくらし―密教・禅僧・湯屋』国立歴史民俗博物館、二〇〇二年）
矢野　環『君台観左右帳記の総合研究』勉誠出版、一九九九年
『曹洞宗僧堂清規』四季社、二〇一三年

宇治茶と芸能の「茶の湯」

岩田澄子『天目茶碗と日中茶文化研究』宮帯出版社、二〇一六年
神津朝夫『茶の湯の歴史』（『角川選書』四五五）、角川学芸出版、二〇〇九年
永島福太郎『初期茶道史覚書ノート』（『続々茶道文化論集』）、淡交社、二〇〇三年

山田哲也「『茶道古典全集本』紹鷗・宗作茶書について」（『茶の湯文化学会会報』八四・「例会報告」二〇一五年三月三一日付）
山田登世子『ブランドの条件』（『岩波新書』一〇三四）、岩波書店、二〇〇六年
『宇治市史』二・中世の歴史と景観、宇治市役所、一九七四年
『宇治市史』三・近世の歴史と景観、宇治市役所、一九七六年
『原色茶道大辞典』淡交社、一九七五年
『茶の湯』展図録、東京国立博物館、二〇一七年
『日本人と茶』展図録、京都国立博物館、二〇〇二年

著者紹介

一九六五年、岩手県に生まれる
一九八九年、日本女子大学文学部史学科卒業
一九九一年、奈良女子大学大学院文学研究科修士課程修了
現在、（公社）京都府茶業会議所理事

主要著書・論文

『茶道教養講座一四　日本茶の歴史』（淡交社、二〇一六年）
「平安・鎌倉の喫茶文化」（茶の湯文化学会編『講座日本茶の湯全史』第一巻・中世、思文閣出版、二〇一三年）

歴史文化ライブラリー
461

中世の喫茶文化
儀礼の茶から「茶の湯」へ

二〇一八年（平成三十）二月一日　第一刷発行

著　者　橋《はし》本《もと》素《もと》子《こ》
発行者　吉川道郎
発行所　株式会社　吉川弘文館
東京都文京区本郷七丁目二番八号
郵便番号一一三―〇〇三三
電話〇三―三八一三―九一五一〈代表〉
振替口座〇〇一〇〇―五―二四四
http://www.yoshikawa-k.co.jp/
印刷＝株式会社 平文社
製本＝ナショナル製本協同組合
装幀＝清水良洋・陳湘婷

© Motoko Hashimoto 2018. Printed in Japan
ISBN978-4-642-05861-2

JCOPY 〈(社)出版者著作権管理機構 委託出版物〉
本書の無断複写は著作権法上での例外を除き禁じられています．複写される場合は，そのつど事前に，(社)出版者著作権管理機構(電話 03-3513-6969，FAX 03-3513-6979，e-mail: info@jcopy.or.jp)の許諾を得てください．

歴史文化ライブラリー

1996. 10

刊行のことば

現今の日本および国際社会は、さまざまな面で大変動の時代を迎えておりますが、近づきつつある二十一世紀は人類史の到達点として、物質的な繁栄のみならず文化や自然・社会環境を謳歌できる平和な社会でなければなりません。しかしながら高度成長・技術革新にともなう急激な変貌は「自己本位な刹那主義」の風潮を生みだし、先人が築いてきた歴史や文化に学ぶ余裕もなく、いまだ明るい人類の将来が展望できていないようにも見えます。このような状況を踏まえ、よりよい二十一世紀社会を築くために、人類誕生から現在に至る「人類の遺産・教訓」としてのあらゆる分野の歴史と文化を「歴史文化ライブラリー」として刊行することといたしました。

小社は、安政四年（一八五七）の創業以来、一貫して歴史学を中心とした専門出版社として書籍を刊行しつづけてまいりました。その経験を生かし、学問成果にもとづいた本叢書を刊行し社会的要請に応えて行きたいと考えております。

現代は、マスメディアが発達した高度情報化社会といわれますが、私どもはあくまでも活字を主体とした出版こそ、ものの本質を考える基礎と信じ、本叢書をとおして社会に訴えてまいりたいと思います。これから生まれでる一冊一冊が、それぞれの読者を知的冒険の旅へと誘い、希望に満ちた人類の未来を構築する糧となれば幸いです。

吉川弘文館

歴史文化ライブラリー

中世史

列島を翔ける平安武士 九州・京都・東国——野口　実
源氏と坂東武士——野口　実
熊谷直実 中世武士の生き方——高橋　修
頼朝と街道 鎌倉政権の東国支配——木村茂光
鎌倉源氏三代記 一門・重臣と源家将軍——永井　晋
鎌倉北条氏の興亡——奥富敬之
三浦一族の中世——高橋秀樹
都市鎌倉の中世史 吾妻鏡の舞台と主役たち——秋山哲雄
源　義経——元木泰雄
弓矢と刀剣 中世合戦の実像——近藤好和
騎兵と歩兵の中世史——近藤好和
その後の東国武士団 源平合戦以後——関　幸彦
声と顔の中世史 戦さと訴訟の場より——蔵持重裕
乳母の力 歴史を支えた女たち——田端泰子
荒ぶるスサノヲ、七変化 〈中世神話〉の世界——斎藤英喜
曽我物語の史実と虚構——坂井孝一
親　鸞——平松令三
親鸞と歎異抄——今井雅晴
畜生・餓鬼・地獄の中世仏教史 因果応報と悪道——生駒哲郎
神や仏に出会う時 中世びとの信仰と絆——大喜直彦
神風の武士像 蒙古合戦の真実——関　幸彦
鎌倉幕府の滅亡——細川重男
足利尊氏と直義 京の夢、鎌倉の夢——峰岸純夫
高　師直 室町新秩序の創造者——亀田俊和
新田一族の中世 「武家の棟梁」への道——田中大喜
地獄を二度も見た天皇 光厳院——飯倉晴武
東国の南北朝動乱 北畠親房と国人——伊藤喜良
南朝の真実 忠臣という幻想——亀田俊和
中世の巨大地震——矢田俊文
大飢饉、室町社会を襲う！——清水克行
贈答と宴会の中世——盛本昌広
中世の借金事情——井原今朝男
庭園の中世史 足利義政と東山山荘——飛田範夫
出雲の中世 地域と国家のはざま——佐伯徳哉
土一揆の時代——神田千里
山城国一揆と戦国社会——川岡　勉
中世武士の城——齋藤慎一
武田信玄——平山　優
歴史の旅 武田信玄を歩く——秋山　敬
戦国大名の兵粮事情——久保健一郎
戦乱の中の情報伝達 使者がつなぐ中世京都と在地——酒井紀美

歴史文化ライブラリー

戦国時代の足利将軍―山田康弘
名前と権力の中世史 室町将軍の朝廷戦略―水野智之
戦国貴族の生き残り戦略―岡野友彦
鉄砲と戦国合戦―宇田川武久
検証 長篠合戦―平山 優
織田信長と戦国の村 天下統一のための近江支配―深谷幸治
よみがえる安土城―木戸雅寿
検証 本能寺の変―谷口克広
加藤清正 朝鮮侵略の実像―北島万次
落日の豊臣政権 秀吉の憂鬱、不穏な京都―河内将芳
北政所と淀殿 豊臣家を守ろうとした妻たち―小和田哲男
豊臣秀頼―福田千鶴
偽りの外交使節 室町時代の日朝関係―橋本 雄
朝鮮人のみた中世日本―関 周一
ザビエルの同伴者 アンジロー 戦国時代の国際人―岸野 久
海賊たちの中世―金谷匡人
アジアのなかの戦国大名 西国の群雄と経営戦略―鹿毛敏夫
琉球王国と戦国大名 島津侵入までの半世紀―黒嶋 敏
天下統一とシルバーラッシュ 銀と戦国の流通革命―本多博之

近世史

神君家康の誕生 東照宮と権現様―曽根原 理
江戸の政権交代と武家屋敷―岩本 馨
江戸の町奉行―南 和男
江戸御留守居役 近世の外交官―笠谷和比古
検証 島原天草一揆―大橋幸泰
大名行列を解剖する 江戸の人材派遣―根岸茂夫
江戸大名の本家と分家―野口朋隆
赤穂浪士の実像―谷口眞子
〈甲賀忍者〉の実像―藤田和敏
江戸の武家名鑑 武鑑と出版競争―藤實久美子
江戸の出版統制 弾圧に翻弄された戯作者たち―佐藤至子
武士という身分 城下町萩の大名家臣団―森下 徹
旗本・御家人の就職事情―山本英貴
武士の奉公 本音と建前 江戸時代の出世と処世術―高野信治
宮中のシェフ、鶴をさばく 江戸時代の朝廷と庖丁道―西村慎太郎
馬と人の江戸時代―兼平賢治
犬と鷹の江戸時代 〈犬公方〉綱吉と〈鷹将軍〉吉宗―根崎光男
紀州藩主 徳川吉宗 明君伝説・宝永地震・隠密御用―藤本清二郎
江戸時代の孝行者 「孝義録」の世界―菅野則子
死者のはたらきと江戸時代 遺訓・家訓・辞世―深谷克己
近世の百姓世界―白川部達夫
闘いを記憶する百姓たち 江戸時代の裁判学習帳―八鍬友広

歴史文化ライブラリー

江戸の寺社めぐり 鎌倉・江ノ島・お伊勢さん——原 淳一郎
宿場の日本史 街道に生きる——宇佐美ミサ子
江戸のパスポート 旅の不安はどう解消されたか——柴田 純
〈身売り〉の日本史 人身売買から年季奉公へ——下重 清
江戸の捨て子たち その肖像——沢山美果子
江戸の乳と子ども いのちをつなぐ——沢山美果子
歴史人口学で読む江戸日本——浜野 潔
それでも江戸は鎖国だったのか オランダ宿 日本橋長崎屋——片桐一男
エトロフ島 つくられた国境——菊池勇夫
江戸時代の医師修業 学問・学統・遊学——海原 亮
江戸の流行り病 麻疹騒動はなぜ起こったのか——鈴木則子
江戸幕府の日本地図 国絵図・城絵図・日本図——川村博忠
都市図の系譜と江戸——小澤 弘
江戸の地図屋さん 販売競争の舞台裏——俵 元昭
近世の仏教 華ひらく思想と文化——末木文美士
江戸時代の遊行聖——圭室文雄
松陰の本棚 幕末志士たちの読書ネットワーク——桐原健真
幕末の世直し 万人の戦争状態——須田 努
幕末の海防戦略 異国船を隔離せよ——上白石 実
幕末の海軍 明治維新への航跡——神谷大介
江戸の海外情報ネットワーク——岩下哲典
黒船がやってきた 幕末の情報ネットワーク——岩田みゆき
幕末日本と対外戦争の危機 下関戦争の舞台裏——保谷 徹

近・現代史

五稜郭の戦い 蝦夷地の終焉——菊池勇夫
幕末明治 横浜写真館物語——斎藤多喜夫
水戸学と明治維新——吉田俊純
大久保利通と明治維新——佐々木 克
旧幕臣の明治維新 沼津兵学校とその群像——樋口雄彦
維新政府の密偵たち 御庭番と警察のあいだ——大日方純夫
京都に残った公家たち 華族の近代——刑部芳則
文明開化 失われた風俗——百瀬 響
西南戦争 戦争の大義と動員される民衆——猪飼隆明
大久保利通と東アジア 国家構想と外交戦略——勝田政治
明治の政治家と信仰 クリスチャン民権家の肖像——小川原正道
日赤の創始者 佐野常民《つねたみ》——吉川龍子
文明開化と差別——今西 一
アマテラスと天皇 〈政治シンボル〉の近代史——千葉 慶
大元帥と皇族軍人 明治編——小田部雄次
明治の皇室建築 国家が求めた〈和風〉像——小沢朝江
皇居の近現代史 開かれた皇室像の誕生——河西秀哉
明治神宮の出現——山口輝臣

歴史文化ライブラリー

- 神都物語 伊勢神宮の近現代史 ― ジョン・ブリーン
- 日清・日露戦争と写真報道 戦場を駆ける写真師たち ― 井上祐子
- 博覧会と明治の日本 ― 國 雄行
- 公園の誕生 ― 小野良平
- 啄木短歌に時代を読む ― 近藤典彦
- 鉄道忌避伝説の謎 汽車が来た町、来なかった町 ― 青木栄一
- 軍隊を誘致せよ 陸海軍と都市形成 ― 松下孝昭
- 家庭料理の近代 ― 江原絢子
- お米と食の近代史 ― 大豆生田 稔
- 日本酒の近現代史 酒造地の誕生 ― 鈴木芳行
- 失業と救済の近代史 ― 加瀬和俊
- 近代日本の就職難物語 「高等遊民」になるけれど ― 町田祐一
- 選挙違反の歴史 ウラからみた日本の一〇〇年 ― 季武嘉也
- 海外観光旅行の誕生 ― 有山輝雄
- 関東大震災と戒厳令 ― 松尾章一
- 激動昭和と浜口雄幸 ― 川田 稔
- 昭和天皇とスポーツ 〈玉体〉の近代史 ― 坂上康博
- 昭和天皇側近たちの戦争 ― 茶谷誠一
- 大元帥と皇族軍人 大正・昭和編 ― 小田部雄次
- 海軍将校たちの太平洋戦争 ― 手嶋泰伸
- 植民地建築紀行 満洲・朝鮮・台湾を歩く ― 西澤泰彦
- 稲の大東亜共栄圏 帝国日本の〈緑の革命〉 ― 藤原辰史
- 地図から消えた島々 幻の日本領と南洋探検家たち ― 長谷川亮一
- 日中戦争と汪兆銘《おうちょうめい》 ― 小林英夫
- 自由主義は戦争を止められるのか 芦田均・清沢洌・石橋湛山 ― 上田美和
- モダン・ライフと戦争 スクリーンのなかの女性たち ― 宜野座菜央見
- 彫刻と戦争の近代 ― 平瀬礼太
- 軍用機の誕生 日本軍の航空戦略と技術開発 ― 水沢 光
- 首都防空網と〈空都〉多摩 ― 鈴木芳行
- 帝都防衛 戦争・災害・テロ ― 土田宏成
- 陸軍登戸研究所と謀略戦 科学者たちの戦争 ― 渡辺賢二
- 帝国日本の技術者たち ― 沢井 実
- 〈いのち〉をめぐる近代史 堕胎から人工妊娠中絶へ ― 岩田重則
- 強制された健康 日本ファシズム下の生命と身体 ― 藤野 豊
- 戦争とハンセン病 ― 藤野 豊
- 「自由の国」の報道統制 大戦下の日系ジャーナリズム ― 水野剛也
- 敵国人抑留 戦時下の外国民間人 ― 小宮まゆみ
- 銃後の社会史 戦死者と遺族 ― 一ノ瀬俊也
- 海外戦没者の戦後史 遺骨帰還と慰霊 ― 浜井和史
- 学徒出陣 戦争と青春 ― 蜷川壽惠
- 〈近代沖縄〉の知識人 島袋全発の軌跡 ― 屋嘉比 収
- 沖縄戦 強制された「集団自決」 ― 林 博史

歴史文化ライブラリー

原爆ドーム 物産陳列館から広島平和記念碑へ——頴原澄子
戦後政治と自衛隊——佐道明広
米軍基地の歴史 世界ネットワークの形成と展開——林 博史
沖縄 占領下を生き抜く 軍用地・通貨・毒ガス——川平成雄
昭和天皇退位論のゆくえ——冨永 望
ふたつの憲法と日本人 戦前・戦後の憲法観——川口暁弘
団塊世代の同時代史——天沼 香
鯨を生きる 鯨人の個人史・鯨食の同時代史——赤嶺 淳
丸山真男の思想史学——板垣哲夫
文化財報道と新聞記者——中村俊介

文化史・誌

落書きに歴史をよむ——三上喜孝
霊場の思想——佐藤弘夫
跋扈《ばっこ》する怨霊 祟りと鎮魂の日本史——山田雄司
将門伝説の歴史——樋口州男
藤原鎌足、時空をかける 変身と再生の日本史——黒田 智
変貌する清盛 『平家物語』を書きかえる——樋口大祐
鎌倉 古寺を歩く 宗教都市の風景——松尾剛次
空海の文字とことば——岸田知子
鎌倉大仏の謎——塩澤寛樹
日本禅宗の伝説と歴史——中尾良信
水墨画にあそぶ 禅僧たちの風雅——高橋範子
観音浄土に船出した人びと 熊野と補陀落渡海——根井 浄
殺生と往生のあいだ 中世仏教と民衆生活——苅米一志
浦島太郎の日本史——三舟隆之
〈ものまね〉の歴史 仏教・笑い・芸能——石井公成
戒名のはなし——藤井正雄
墓と葬送のゆくえ——森 謙二
仏画の見かた 描かれた仏たち——中野照男
運 慶 その人と芸術——副島弘道
ほとけを造った人びと 止利仏師から運慶・快慶まで——根立研介
〈日本美術〉の発見 岡倉天心がめざしたもの——吉田千鶴子
祇園祭 祝祭の京都——川嶋將生
洛中洛外図屏風 つくられた〈京都〉を読み解く——小島道裕
時代劇と風俗考証 やさしい有職故実入門——二木謙一
化粧の日本史 美意識の移りかわり——山村博美
乱舞の中世 白拍子・乱拍子・猿楽——沖本幸子
神社の本殿 建築にみる神の空間——三浦正幸
古建築修復に生きる 屋根職人の世界——原田多加司
古建築を復元する 過去と現在の架け橋——海野 聡
大工道具の文明史 日本・中国・ヨーロッパの建築技術——渡邉 晶
苗字と名前の歴史——坂田 聡

歴史文化ライブラリー

日本人の姓・苗字・名前 人名に刻まれた歴史――大藤 修
数え方の日本史――三保忠夫
大相撲行司の世界――根間弘海
日本料理の歴史――熊倉功夫
吉兆 湯木貞一 料理の道――末廣幸代
日本の味 醤油の歴史――林 玲子・天野雅敏 編
中世の喫茶文化 儀礼の茶から「茶の湯」へ――橋本素子
天皇の音楽史 古代・中世の帝王学――豊永聡美
流行歌の誕生 「カチューシャの唄」とその時代――永嶺重敏
話し言葉の日本史――野村剛史
「国語」という呪縛 国語から日本語へ、そして○○語へ――川口 良・角田史幸
柳宗悦と民藝の現在――松井 健
遊牧という文化 移動の生活戦略――松井 健
マザーグースと日本人――鷲津名都江
金属が語る日本史 銭貨・日本刀・鉄炮――齋藤 努
書物に魅せられた英国人 フランク・ホーレーと日本文化――横山 學
災害復興の日本史――安田政彦
夏が来なかった時代 歴史を動かした気候変動――桜井邦朋

民俗学・人類学

日本人の誕生 人類はるかなる旅――埴原和郎
倭人への道 人骨の謎を追って――中橋孝博
神々の原像 祭祀の小宇宙――新谷尚紀
女人禁制――鈴木正崇
役行者と修験道の歴史――宮家 準
鬼の復権――萩原秀三郎
幽霊 近世都市が生み出した化物――髙岡弘幸
雑穀を旅する――増田昭子
川は誰のものか 人と環境の民俗学――菅 豊
名づけの民俗学 地名・人名はどう命名されてきたか――田中宣一
番と衆 日本社会の東と西――福田アジオ
記憶すること・記録すること 聞き書き論ノート――香月洋一郎
番茶と日本人――中村羊一郎
踊りの宇宙 日本の民族芸能――三隅治雄
柳田国男 その生涯と思想――川田 稔
海のモンゴロイド ポリネシア人の祖先をもとめて――片山一道

各冊一七〇〇円～二〇〇〇円（いずれも税別）
▽残部僅少の書目も掲載してあります。品切の節はご容赦下さい。
▽品切書目の一部について、オンデマンド版の販売も開始しました。
詳しくは出版図書目録、または小社ホームページをご覧下さい。